久留米大学経済叢書・第22巻

筑後川 まるごと博物館

chikugo river

歩いて知る、自然・歴史・文化の143キロメートル

筑後川まるごと博物館
運営委員会
編

新評論

写真：「落月」中流・福岡県久留米市善導寺町（撮影：池田洋介）

池田洋介写真コレクション

「源流の氷瀑《ひょうばく》」上流・熊本県南小国町

「鯛生川《たいおがわ》の深淵」上流・大分県日田市中津江

「冬の久住高原」上流・大分県竹田市

「玖珠川《くすがわ》を渡る、ゆふいんの森号」上流・大分県日田市

「松原ダムの梅林湖」上流・大分県日田市大山町

「堤防の菜の花」中流・福岡県久留米市

「河畔林《かはんりん》と耳納連山《みのうれんざん》」中流・福岡県久留米市

「支流・広川の粗朶工《そだこう》」中流・福岡県久留米市

「朝倉の三連水車」中流・福岡県朝倉市

「筑後大堰」下流・福岡県久留米市安武町

「デ・レイケ導流堤と雲仙普賢岳」下流・福岡県大川市新田大橋から

「蓮根堀」下流・佐賀県神埼市

「夕陽に染まる干潟」有明海・福岡県、佐賀県

「ムツゴロウの求愛ダンス」有明海・佐賀県小城市

プロローグ——追悼、池田洋介さん

表現と感性の豊かなあたたかさ——写真家、池田洋介さんを悼む

初めて池田さんの写真と出逢ったときの、あざやかな想いを今も忘れません。伸びやかに（筑後川）流域の風景を写した写真、単に景観というよりも風土そのものを映しとっていました。そして、語りかけてくるような花や鳥、生き物たちの姿。それは、まぎれもなく池田さんの人柄と表現の手ざわりが生み出したものでありました。

二〇一四年一一月四日に八〇歳で亡くなられた池田さんの、そんな人柄に初めて触れたのは、二〇〇二年春「筑後川まるごと博物館」第一期学芸員の面接の折でした。筑後川の風土と写真表現への想いを熱く語る池田さんの姿を、今でもあざやかに思い起こします。以後の「筑後川まるごと博物館」の歩みは、講座や催しそして筑後川新聞など各方面において、まさに池田さんの写真表現に多くを支えられて今に至っています。

池田さんの表現は、どこから生まれるのだろうか。そうした場面に、幸いにも私は幾度か立ち会うことができました。常に流域の人々と語らい関わり合ってきた池田さんの生き方の感性が生み出した

表現であり、自然のなかの花々や生き物たちにも共通しているこの手つきが、池田さんの筑後川への表現全体の底に脈々と流れています。

晩年には、奥様の運転で流域各地に出かけられ、また手づくりのカレンダーを毎年家まで届けていただきました。二〇〇二年、初めての上流モニターツアーに参加していただいた折、温泉宿で飲み、歌い語り合ったときの池田さんの優しい笑顔、「ほんとうにありがとうございます。さようなら」。"筑後川の写真家"池田さんに心からの拍手とお別れを申し上げます。（筑後川まるごと博物館副館長・成毛克美〈blog 筑後川新聞〉二〇一五年二月一二日付号）

ここで紹介している池田洋介さんは、一九三四年、福岡県八女市に生まれた。大学卒業後、国民金融公庫（現・日本政策金融公庫）に勤務したのち一九八二年から久留米市に移り住み、筑後川の水の恵みを受けて暮らすようになった。その後、「筑後川探検」というテーマを掲げ、源流から河口の有明海までを探索し、写真として記録するようになった。

そして、二〇〇二年の春、池田さんは「筑後川まるごと博物館」第一期学芸員の面接会場にやって来た。筑後川流域の風土と写真に対する想いを熱く語る池田さんには、当然のごとく学芸員になってもらった。本書で紹介することになる「筑後川まるごと博物館」は、講座や催し、そして「筑後川新聞」（年六回）などにおいて、池田さんが撮られた写真に支えられてきたようにも思える。

写真撮影をはじめてから二〇年目となる二〇一三年、三万枚を超える作品から選び出し、池田さんは『大筑後川──池田洋介写真集』（石風社）を出版された。一四三キロ（全国二一位）に上る筑後川流域が、一五五枚の芸術作品として写真集に収録されている。そのどれもが、観たものを魅了せずにはおかないだろう。

写真集に刺激を受け、「筑後川新聞」が通巻一〇〇号となった二〇一六年、われわれは「筑後川まるごと博物館」の活動や流域の風土、文化、歴史などを本として著すことにした。「筑後川まるごと博物館」の学芸員であるとともに「NPO法人筑後川流域連携倶楽部」の会員であった池田さんを追悼する意味も含めて、執筆メンバーが総力を挙げて書き上げたのが本書である。

出版することを決めてから発行まで、約三年の歳月を要した。その理由は、もちろん一四三キロに及ぶ流域の再確認をしたからである。自然環境は、時間とともにさまざまな変化を示すことになる。そのなかでも一番大きな変化となったのが、二〇一七年七月上旬に筑後川流域を襲った集中豪雨である。各所にさまざまな爪痕を残しており、言うまでもなく、完全なる復興を遂げたわけではない。本書の出版によって本格的な復興の後押しができれば、執筆者一同、望外の喜びである。

『大筑後川──池田洋介写真集』の表紙

もくじ

プロローグ――追悼、池田洋介さん　i
巻頭言（浅見良露）　xvi

第1章　「筑後川まるごと博物館」とは何だろう？（駄田井正・鍋田康成）　3

1　屋根のない博物館――流域に点在するものをそのまま展示する　4
コラム　博物館法　4
2　「筑後川まるごと博物館」設立の経緯と活動　5
（1）流域連携への動き　5
（2）筑後川流域における連携の成り立ち　6
・筑後川フェスティバルの開催　6
・筑後川フェスティバルの意義　9
（3）筑後川流域連携倶楽部の活動　14
・久留米大学経済社会研究所の活動と筑後川流域連携倶楽部の誕生　14

・筑後川新聞の発行　15
・筑後川リバーマーケット　18
コラム　「ちくご川まるごと市」がオープン！　19
・「水の森」での山林保全と環境教育　20
・筑後川カード　20
・地域通貨「カッパ」　21
・源流の碑の建立　21
（4）筑後川まるごと博物館の活動　22
・公開講座「筑後川流域講座」の開講　22
・特色と目的　23
・組織と活動　24
・公開講座「筑後川流域社会経済論」と現地学習および体験学習　26
・独自の学芸員養成システム　27
・「ちくご川子ども学芸員養成講座」　28
・「筑後川流域まるごとリバーパーク」構想への対応　31
・「筑後川大学」　31
・「筑後川なんでも発見団」の活動　32

・「ちくご川キッズ探検隊」の活動　33
・「プロジェクトWET指導者（エデュケーター）講習会」の実施　34
（5）筑後川まるごとリバーパーク　34
（6）筑後川流域にある「川の駅」　36
3　筑後川再発見の旅――源流から河口までを辿る一四三キロの旅　39
・筑後川源流と温泉郷（一日目）　40
・渓谷美と「蜂の巣城物語」の下筌《しもうけ》ダムへ（二日目）　41
・梅林湖での遊船と簗《やな》場《ば》での鮎の塩焼き（三日目）　46
・Eボートと自転車で筑後川を下る（四日目）　47
・ゴールは有明海――久留米から大川までのクルージング（五日目）　48

第2章　筑後川流域の概要と水害・水利用の歴史

（鍋田康成・筑後川河川事務所）　51
1　流域および河川の概要　52
・全体像――川の名称　52
・川の歴史　53

コラム　荒籠《あらこ》　54
・河川の特性　55
2　流域の自然　57
・地形　57
・気候　58
・自然環境と生物　58
・自然景観　59
コラム　有明海干拓の歴史　60
3　流域の社会状況　60
・土地利用　60
・流域の産業経済　61
・流域の交通網（現代）　63
コラム　舟運の歴史――62か所もあった「渡し」　63
4　水害の歴史　64
（1）過去の洪水の概要　64
（2）昭和二八年筑後川大水害の記憶　66
・大水害を伝える活動のはじまり　67

・体験者による証言発表会の実施とその効果　69
・①日田市大釣地区（中の島）での体験（上流・当時一一歳男性）　71
・②朝倉郡杷木町の昭和橋右岸（現朝倉市）での体験（中流・当時一六歳男性）　72
・③久留米市内から三井郡田主丸町（旧）までの体験（中流・当時一六歳男性）　74
・④三井郡宮ノ陣村（現久留米市）での体験（中流・当時一八歳女性）　75
・⑤久留米市高野町（小森野橋付近）での体験（中流・当時推定二三歳男性）　77
・⑥久留米市京町（水天宮近辺）での体験（中流・当時二五歳女性、二〇一七年逝去）　78
・⑦大川市～佐賀県諸富町（現佐賀市）で体験（下流・当時推定一六歳男性）　80
（3）治水事業の歴史　82
・明治以前　82
・明治以降　83
・昭和以降　85
5　水利用の歴史　85
（1）利水事業の変遷　85
・松原・下筌《しもうけ》ダム　87
・筑後大堰　88
（2）渇水被害　89

コラム　もう一つの被害――日本住血吸虫病対策　90

第3章

筑後川・矢部川流域の歴史探訪　（羽田史郎）　91

1　有明海と筑後川・矢部川流域の形成――生活のはじまり　92
・水を生み出す上流――源流域の形成　92
・筑紫平野・有明海の形成と生活のはじまり　94
・大陸と近接していたことを示す生き証人たち　96

2　弥生時代から古墳時代にかけて流域で繁栄がはじまった　97
・筑紫平野での繁栄のはじまり――弥生時代　97
・徐福伝説　98
・神功《じんぐう》皇后にまつわる伝説　99
・磐井《いわい》の乱　102

3　飛鳥時代から平安時代　103
・白村江の戦い　103
・平安時代も筑紫平野は政治の舞台　108

4 鎌倉時代から秀吉の時代 112
・筑後十五城 112
・秋月氏 114
・元寇 115
・戦国大名と龍造寺氏 118
5 江戸時代初期 121
・筑後国 121
・肥前国 123
・筑後川の四大井堰と矢部川の廻水路 124
6 江戸時代中期から明治時代へ 126
・日田の発展 126
・うきはの発展 128
・佐賀藩の発展 129
・産業振興 131

第4章　筑後川上流域の自然と風土　135

1　**筑後川上流域をめぐる**（成毛克美）　136
・筑後川本流の源流「清流《きよら》の森」　136
・もう一つの源流「九重高原」　137
・田の原川から小国、杖立川《つえたてがわ》、大山川へ　139
・水郷日田と夜明ダム　142
・小野川流域と「小鹿田焼《おんたやき》の里」　144
・赤石川流域――前津江から釈迦岳　146

2　**筑後川と森林（水源の森）**（財津忠幸）　148
（1）病んでいる水源の森　148
・森林の中に行ったことがあるか　148
・健康な森林とは　151
（2）健康で豊かな森林とは　153
・針葉樹と広葉樹　153
・上流は二つの河川　154

・生物多様性がつくる健康な森　156
（3）豪雨災害と森林崩壊　157
（4）水源の森林再生に向けて　159
・源流の森林地帯で何が起きているのか　159
・木材価格が低迷し、需要も減少　160
・みんなでつくろう筑後川の森と水　162

第5章　筑後川中流域と人々の営み（平田昌之）　165

1　筑後川の四大井堰　166
・袋野堰　166
・大石堰・大石長野水道　169
・山田堰、堀川、三連水車　170
コラム　庄屋物語『水神』――灌漑用水や堰の守護神　171
・床島堰　173
コラム　ペシャワール会の活動――医者、用水路を拓く　174

2　筑後川中流の宝物を守る人たち　175
・日本古来の漁法――鵜飼いを守る鵜匠たち　175
・山田堰・堀川を守り続けた後藤家　178
3　農民たちの祈り――三〇〇年前から続く素朴な祭り　180
・泥打ち祭り　180
・おしろい祭り　181
4　朝倉の宮――斉明天皇ゆかりの地を歩く　182

第6章　筑後川下流域と有明海のかかわり　187

1　有明海と筑後川（荒牧軍治）　188
・川がつくった筑紫平野　188
・有明海に注ぐ汚れや栄養分の大部分は自然系　190
・有明海異変　192
・有明海の二枚貝　193
・有明海再生とは　197

・有明海の環境問題における鍵は貧酸素水塊　198
コラム　生き物の大切さを伝える「やながわ有明海水族館」　202

2　筑後川下流の近代化産業遺産群　（本間雄治）　203
（1）驚きの幕末明治の筑後川――若津港の繁栄　203
・江戸期の久留米藩若津港　203
・米を中心とした明治前期の水運物流拠点　204
・若津港の近代化と深川家の躍進　208
（2）河川港の大川若津港――明治期の物流拠点を支えた経済活動　209
・通信の重要性　209
・金融機関の進出　210
・鉄路「軽便鉄道」の出現　211
（3）新発見、明治若津港の廻船問屋熊井家文書　212
・熊井家文書の内容　212
・東京や神戸に多くの米が出荷――「久留米商業会議所統計書」による　213
・今後の方向性　214
コラム　若津港異聞――女優李香蘭《りこうらん》について　215

第7章　筑後川支流紀行（平田昌之・成毛克美）217

1　玖珠川《くすがわ》・鳴子川――筑後川最大の支流と九重連山《くじゅうれんざん》を水源とする川　218
2　大肥川《おおひがわ》――陶の里小石原と山岳信仰の霊地を行く　220
3　小石原川――水と文化の歴史ゾーン　225
・行者杉　225
・小石原焼と高取焼　227
・「筑前の小京都」秋月　228
・甘木《あまぎ》鉄道の沿線　232
4　佐田川――水が育む自然の恵み　234
5　巨勢川《こせかわ》――筑後平野を潤し、河童伝説を生んだ川　237
6　宝満川《ほうまんがわ》――筑後川流域と博多を結んだ川　240
7　城原川《じょうばるがわ》――治水・利水、先人たちの知恵を知る　244

あとがき　248
執筆者紹介　252

巻頭言

久留米大学産業経済研究所（現・経済社会研究所）においては、1980年代からプロジェクト研究「筑後川流域圏の総合研究」が開始され、現在も引き継がれている。その研究において関わりをもった建設省筑後川工事事務所（現・国土交通省筑後川河川事務所）や河川流域の諸団体との中から、1998年に「NPO法人筑後川流域連携倶楽部」が発足し、それを母体として、1999年に「筑後川まるごと博物館」が発足した。

筑後川まるごと博物館は、エコミュージアムの一つとして位置づけられるものである。エコミュージアムとは、リヴィエール（G. H. Rivière）が1980年に発表した「エコミュゼの発展的定義」によると、「地域社会の人々と生活、そこの自然環境、社会環境の発達過程を史的に探求し、自然、文化、産業遺産などを現地において、保存し、育成し、展示することを通して、当該地域社会の発展に寄与することを目的とする博物館」であり、新井重三によって「生活・環境博物館」と訳されている（大原一興『エコミュージアムへの旅』鹿島出版会、1999年、88ページ）。従来型の博物館とは異なり、地域に訪れて、自然や生活そのものを鑑賞・体験するものである。

本博物館の特徴の一つとして、久留米大学経済学部や経済社会研究所との関わりがある。経済学部においては「筑後川流域社会経済論」を公開講義として開講しており、本博物館の活動および河川流域圏における知識や考え方を学生に伝えると共に、本博物館の学芸員養成を行う役割も果たしている。また、北部九州河川利用協会と経済社会研究所が主催する「筑後川大学」の共催および講座運営も筑後川まるごと博物館運営委員会（2013年発足の市民団体）が行っている。さらに2017年、久留米大学が河川財団主催の体験型水教育プログラム「プロジェクトWET」の導入校に指定されたが、その運営についても同運営委員会が行っている。そして、この度、本博物館の活動および筑後川流域の水環境・歴史・文化についてまとめたものを「久留米大学経済学部叢書」として発行することになった。大学と地域との連携が強調・推進されている昨今、本博物館と久留米大学経済学部との連携はその一つのモデルになると考えられる。

最後に、本書の編集・執筆等にご尽力を頂いたみなさん、そして本叢書出版のために助成を頂いた公益財団法人河川財団に感謝する次第である。

2019年3月

久留米大学経済学部長・筑後川まるごと博物館長
浅見良露

筑後川まるごと博物館――歩いて知る、自然・歴史・文化の一四三キロメートル

第1章

「筑後川まるごと博物館」とは何だろう？

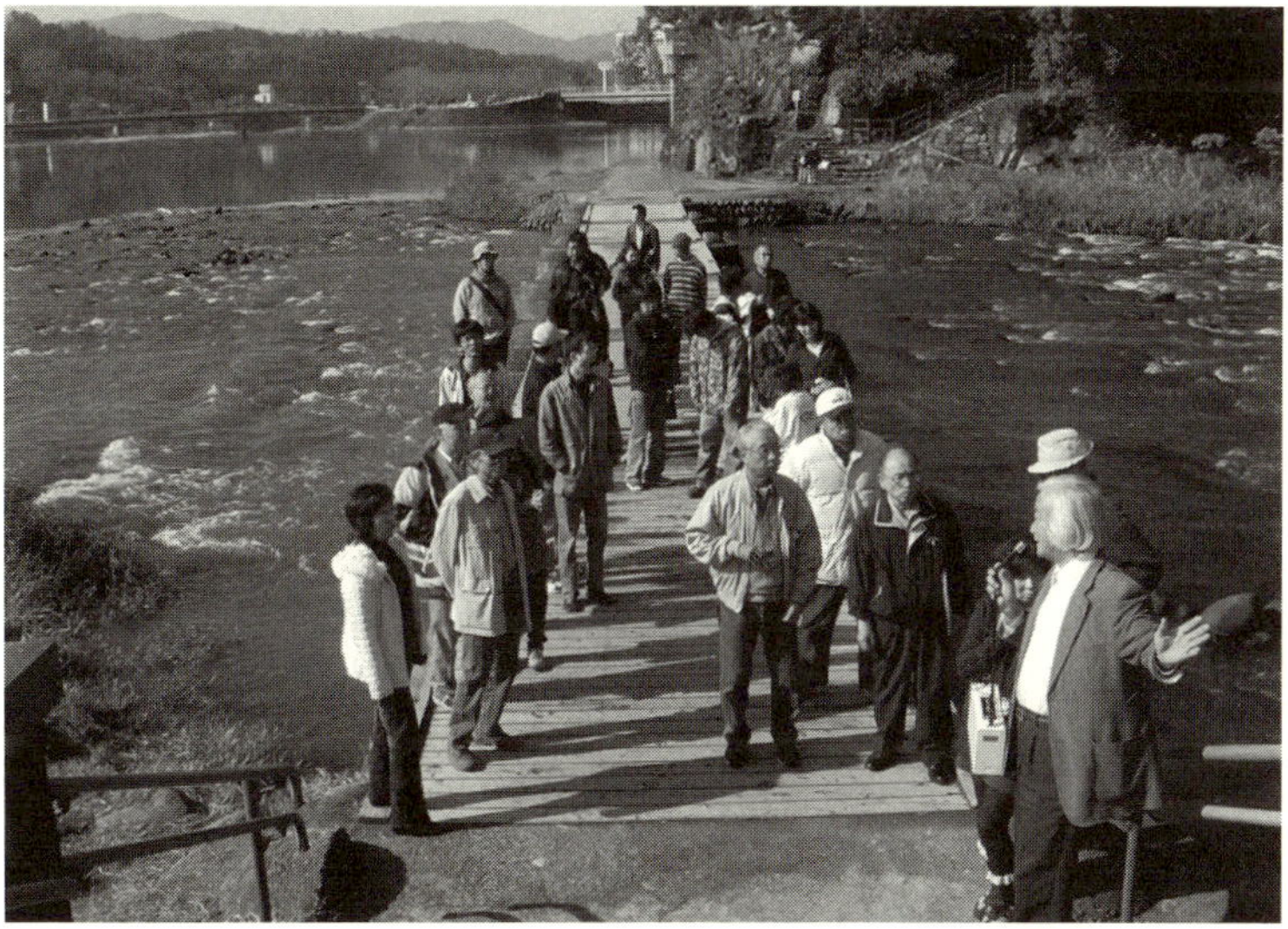

三隈川のせせらぎを案内する学芸員（大分県日田市）

1 屋根のない博物館
――流域に点在するものをそのまま展示する

通常の場合、博物館とは、建物があってその中に各地から集められてきたさまざまなものが展示され、それらについての由来や価値などが説明されている所をいう。ところが、「筑後川まるごと博物館」には展示物を収納する建物はない。筑後川流域全体を博物館と見なしているからである。

この博物館の展示物は、本来、あるべき所にそのまま展示されている。なぜ博物館と見なせるかというと、博物館を構成する四つの要素が整っているからである。その四つの要素とは、「展示物」「学芸員」「活動のフィールド」「市民との連携」である（**コラム**参照）。「筑後川まるごと博物館」では、それらの要素は以下のように構成されている。

❶展示物――筑後川流域に点在する宝物（自然、歴史遺産、産業、文化）。
❷学芸員――久留米大学と連携して、独自に認定した学芸員。
❸活動のフィールド――筑後川流域のすべて。研究調査に関しては、国土交通省筑後川河川事務所、久留米大学比較文化研究所、久留米大学経済

コラム・博物館法

日本には、博物館に関する法令として「博物館法」というものがある。その第２条によれば、博物館とは「歴史、芸術、民俗、産業、自然科学等に関する資料を収集し、保管（育成を含む）し、展示して教育的配慮のもとに一般公衆の利用に供し、その教養、調査研究、レクリエーション等に資するために必要な事業を行い、あわせてこれらの資料に関する調査研究を目的とする機関」と定義されており、公民館や図書館を除くとなっている。

社会研究所と連携・協力。

❹市民との連携——筑後川流域の宝物を守る市民グループとの連携。この要素が、これからの博物館にとってはもっとも重要になると言われている。

「四つの要素すべてを備えている」と述べたところで、読者のみなさんに、その存在を実感していただくことは難しいと思われる。そこで以下では、「筑後川まるごと博物館」がどのように設立されたのか、またどのような活動を展開しているのかについて説明をしていきたい。

2　「筑後川まるごと博物館」設立の経緯と活動

（1）流域連携への動き

第五次全国総合開発計画（一九九八年策定）は「二一世紀の国土グランドデザイン」と呼ばれ、これにおいて地域連携軸の構想が提示された。この地域連携構想は、地域への課題を市町村が行政の域を越えて互いに連携することで解決・軽減しようとするものである。平成の大合併で市町村の行政範囲が拡大し、単独で課題を解決できる自治体が増加したとはいえ、地域連携の意義は決して減じていない。それどころか、新幹線や高速道路網の拡充によって地域間の結び付きがより広範になってきたと同時に、グローバル化への対応に関しては、かなり大きな自治体であっても単独では難しい状態となっているからである。

この第五次全国総合開発計画と河川法の改正（一九九七年）によって、流域を意識して活動する団体が全国の大きな河川流域で出現してきた。また、全国水環境交流会[1]のように、このような団体をネットワーク化する全国組織も出現している。

河川が大きくなり、流域が広くなればなるほど流域の連携は難しくなる。とくに、流域が市町村域や県をまたがっているとなお難しい。言うまでもなく、連携やネットワークに必要不可欠となる情報の共有もうまくいかない。

たとえば、県が異なると読まれている新聞も異なるし、同じ新聞社のものでも地方版が異なってくる。また、距離が遠くなれば、高速道路があったとしても人的交流は早々うまくいかないものである。したがって、流域の絆を固く結ばせるだけの魅力的なテーマを設定し、それに連動した実践的な活動が必要になってくる。まずは、筑後川流域における連携がいかに行われてきたかを説明していこう。

（2）筑後川流域における連携の成り立ち

筑後川フェスティバルの開催

昔から「筑紫次郎」と呼ばれる筑後川は、「坂東太郎」の利根川、「四国三郎」の吉野川と並び、日本を代表する河川として全国に名を馳せている。筑後川流域には縄文時代末期からから人々が住みつき、上下流の交流も盛んであった。とくに五〇年ほど前までは、上流域の山林で伐採された木材が日田市（大分県）で筏《いかだ》に組まれて、下流域の久留米市や大川市（ともに福岡県）に運ばれ、建築資材や舟、家具の材料として使われていた。川は物資輸送の動脈であったと同時に、人々や情報の交流をもたらしてきたわけである。

　しかし、高度成長期を経て上流にダムが造られ、中流に幾多の堰ができたことによって、モノや人、そして情報が川によって運ばれなくなった。それにつれて、上下流の交流が疎遠となったと同時に、筑後川の水質や河川環境が急速に悪化し、子どもたちの遊び場でもあった川に人々が寄り付かなくなった。

　一九八七年に大川市で第一回目が開催された「筑後川フェスティバル」は、上下流の交流連携を復活し、筑後川の環境を守り、再び川に賑わいをもたらすと

第32回筑後川フェスティバル in ひたのポスター

（1）特定非営利活動法人全国水環境交流会事務局。一九九三年、健全な水循環を保全、回復するためには、さまざまな立場や意見の持ち主が自由に交流するコミュニケーションの場づくりが重要との認識のもと、緩やかな全国ネットワークとして結成され、二〇〇三年一〇月にＮＰＯ法人となる。事務局　〒一五〇―〇〇〇一　東京都渋谷区神宮前一―二〇―一四　神宮村三〇一　電話：〇三―三四〇八―二四六六　http://www.Mizkan.or.jp

同時に、流域を活性化しようする民間活動グループが主導するイベントであり、以後、流域の市町村を巡回する形で続いている。二〇一六年六月には第三〇回目が振り出しに戻って大川市で開催され、二〇一八年は日田市で第三二回が開催された。

現在では利水域の福岡市も含めて開催されている「筑後川フェスティバル」だが、大川市で最初に開催したときは、毎年続けていくとは考えていなかった。もともと第一回は、大川青年会議所が中心になって、大川市の活性化を図る目的で開催されたものである。家具（木工）の街として知られている大川市は、かつて家具生産では日本一のシェアを誇っていた。しかし、生活様式の変化や外国製品に押されて下火となり、現在では最盛期の半分ほどの生産額となっている。

そんな大川市の活性化として、「筑後川フェスティバル」がなぜ開催されることになったのであろうか。現在つくられている大川家具のほとんどは輸入材が使われているわけだが、前述したように、かつては上流の日田から筏《いかだ》で筑後川を下ってきた木材を原材料としていたという歴史的な背景が開催の理由である。

もう一つ、忘れることができない地理的環境がある。それは、海苔をはじめとして、筑後川が運んでくる豊富なミネラルによって育まれた有明海の恵みに大川市が依存していることである。さらに、筑後川と有明海を結ぶ舟運の基点地でもあった。まさしく、大川市が繁栄してきたのは「筑後川の賜物」であった。それゆえ、上流との絆が切れて久しい大川市の活性化のためには原点に戻る必要があると考え、「筑後川フェスティバル」の開催となった。

実行委員長であった阿津坂芳徳（現在、ＮＰＯ法人筑後川流域連携倶楽部副理事長）を中心に、流域全体への働きかけをかなり積極的に行った。そのおかげか、ゼロから出発した資金も最終的には二〇〇〇万円まで集めることができ、盛大なイベントになった。

フェスティバル終了後の打ち上げ会のとき、宮崎暢小国町長（当時）が「こんな面白いことは来年もやろうよ」と言った。これがきっかけとなって、第二回目は上流の小国町で開催されることになり、それ以後、持ち回りで流域各地で開催されるようになった。

筑後川フェスティバルは三二回、つまり三二年にわたって続いてきたわけだが、当然のごとく紆余曲折があった。民間主導で開催しているフェスティバルではあるが、国（国土交通省九州整備局筑後川事務所）、自治体、筑後川から取水する水道企業団、広域事務事業団、一般社団法人北部河川利用協会などからの協力を得ている。第一〇回目ぐらいまでは、開催地となった自治体からの資金面での協力がとくに大きかった。その後は、予算規模を縮小し、地元で行われている既存のイベントと共催する形で開催するなど、さまざまな工夫を凝らしている。

筑後川フェスティバルの意義

筑後川フェスティバルの意義を説明しておこう。大きく分けると次の四つとなる。

第一は、筑後川流域の一体化を醸成し、流域における連携の象徴的な存在となり、上・中・下流域にわたる情報交換や人的交流を進めていく母体となる。この動きのなかで、流域をつなぐ団体、「筑後川広域連合（通称・かっぱ連合）と「ＮＰＯ法人筑後川流域連携倶楽部」が結成された。

「かっぱ連合」は一九九一年に結成され、その主な目的は、筑後川フェスティバルの継続を図ることであった。その目的と役割は、一九九八年に結成された「筑後川流域連携倶楽部」に引き継がれている。筑後川流域連携倶楽部は、流域を一つの単位として、環境保全や地域の活性化に取り組むことを目的に結成されたものである。その成立経過と活動については、次項において詳述させていただく。

第二に、筑後川フェスティバルは、流域各地の持ち回りとし、開催地の人脈を中心にして実行委員会を結成する。地元に活動グループがすでに結成されている場合は、そのグループが実行委員会の受け皿になる。そうでない場合は、実行委員会が核となって、筑後川フェスティバルを機に新しく地域おこしの活動グループが形成されていった。

それらの団体として、「日田水環境ネットワーク」「大川未来塾」「筑後川上流倶楽部（日田市大山町）」「株式会社九州文化技術研究所（久留米市）」が結成されている。それぞれについて説明をしておこう。

日田水環境ネットワーク——筑後川フェスティバルは大川で立ち上がったわけだが、中心となったメンバーの多くはＪＣ（青年会議所）に所属していた。大川のＪＣメンバーが筑後川流域のＪＣメンバーに呼びかけ、筑後川フェスティバルが受け継がれていった。第三回の筑後川フェスティバルは一九八九（平成元）年に日田市で開催されが、このときの実行委員会メンバーもＪＣメンバーが核となっていた。

日田水環境ネットワークは、このメンバーが中心となって一九九二（平成四）年に結成され、二〇〇二（平成一四）年にＮＰＯ認証を受けている。水環境の保全を主とするが、まちづくりにも取り組んでいる。この団体の注目される活動として、大山川の増量運動と合成洗剤の弊害を分かりやすく寸劇風に見せる「洗濯キャラバン」を挙げることができる。

大川未来塾――筑後川フェスティバルを立ち上げたメンバーが中心になって、二〇〇四（平成一六）年に結成された団体である。初代理事長は第一回筑後川フェスティバルの実行委員長を務めた阿津坂芳徳である。活動は、筑後川や有明海の環境保全と木工の街にふさわしく、家具などの販路拡大に結び付く「国際designコンベンションin大川」などのイベントを開催している。

筑後川上流倶楽部――第一三回筑後川フェスティバルが一九九九（平成一一）年に大山町（現・日田市）で開催された。大山町は「一村一品運動」の元祖となる地であり、山村ではあるが企業家精神に富んだ人物が多い所である。このときの実行委員会が中心に結成された団体が「筑後川上流倶楽部」である。大山町には松原ダムと大山ダムが建設されていることもあって、水環境についても関心が非常に高い。

九州文化技術研究所（ＫＩＣ）――第一〇回筑後川フェスティバルは、第五回に引き続き久留米市で開催された。このときの実行委員会は、久留米市商工会議所青年部が中心メンバーとなった。このメンバーがまちづくりを目指し、株式会社を立ち上げた。このＫＩＣは、その後、「ＮＰＯ法人筑後川流域連携倶楽部」の結成や「久留米とんこつラーメン」を普及するイベントなどを開催し、地域づくりに貢献している。

これらのグループは地元を中心に活動しているわけだが、筑後川流域連携倶楽部と連携して、流域全体にかかわる活動にも積極的に参加している。

第三に、開催された筑後川フェスティバルが、その後、地元のイベントとして引き継がれることにもなっている。たとえば、「水の感謝祭（福岡都市圏）」「城島の酒蔵祭（城島町・現久留米市）」「リバーフェスタinみくま川（日田市）」などであるが、その活動内容を説明しておこう。

水の感謝祭（筑後川のめぐみフェスティバル）――歴史に名を残す「福岡大渇水」（一九七八年〜一九七九年）に見舞われている福岡都市圏は、「水」がアキレス腱となっている。しかし、一九八五（昭和六〇）年に筑後大堰が造られたことによって福岡市に導水できるようになり、水道水の三分の一が賄われるようになって深刻な渇水がなくなった。言うまでもなく、福岡都市圏は地理学的には筑後川流域ではないが、筑後川の水が引かれているということから筑後川流域と見なすことができる。

このような事情から、第一一回筑後川フェスティバルは福岡都市圏で開催された。福岡市役所前の広場がメイン会場になり、筑後川に感謝の意味を込めたさまざまなイベントと並行して筑後川流域の物産が販売された。これを契機として、毎年一〇月の最後の土日に「水の感謝祭」として筑後川流域の物産展が開催されている。

城島の酒蔵祭――筑後川流域は米と水に恵まれていることもあり、三〇軒以上の酒蔵がある。とくに、旧城島町（九軒）、同三潴町《みづままち》（三軒）に多い。第一五回筑後川フェスティバルが城島町で開催されたとき、「酒蔵めぐり」や「利き酒」のイベントが行われた。これらがその後も続けられ、二〇〇五（平成一七）年に久留米市に合併してからは三潴町も加わっての大イベントとなった。福岡都市圏などからも「呑兵衛」が多数参加しており、二日間で一〇万人以上の参加者となっている。

リバーフェスタ in みくま川——日田の人は筑後川を「三隈川」と呼んで親しんでいる。日田・玖珠地区で開催された第七回筑後川フェスティバルでは、「三隈川が公園になった」というキャッチフレーズで、子どもたちを川で遊ばせようというイベントが行われた。このイベントが「リバーフェスタ in みくま川」として引き継がれている。二三回目を迎えた二〇一八年は、第三二回となる筑後川フェスティバルとの同時開催となった。

第四の意義は、地域連携の母体となった筑後川フェスティバルが「筑後川コンセンサス会議」や「筑後川水源林トラスト構想」の契機となると同時に、産・学・官・民の連携をも促すことになったことである。これについては、第4章の「筑後川と森林」を参照していただきたい。

城島酒造の蔵開き

（3）筑後川流域連携倶楽部の活動

久留米大学経済社会研究所の活動と筑後川流域連携倶楽部の誕生

持続可能な地域社会を形成することが地方自治政策の最終目的であると同時に、民間における地域活動の目標であることは言うまでもないだろう。流域は水循環を基盤として自立的な生態系を形成しているので、経済や文化などを含めた持続可能な自立的地域空間を形成するという視点から捉えることは非常に意義深いこととなる。

久留米大学経済社会研究所（前身は産業経済研究所）は、この観点から長年にわたって筑後川流域圏の総合的研究に取り組んできた。その成果の一端を公表すると同時に、地域にどのような問題があるかを捉えるために、公開講座や研究会・シンポジウムをこれまでに何度も開催してきた。

このような機会を通じて、大学のプロジェクトスタッフが筑後川フェスティバルの実行メンバーと交流することになった。その交流のなかで、筑後川流域の連携・交流を恒常化し、本格化するための組織が必要であることを実感し、「筑後川流域連携倶楽部」という組織をつくって一九九九年六月にＮＰＯ法人の認可を得た。

したがって、筑後川流域連携倶楽部は、筑後川流域で環境保全や地域づくりに取り組むグループや個人のネットワークと言える。このようなネットワークが広がるためには情報の共有が欠かせない。そのために、一九九九年から「筑後川新聞」（年六回）を発行し、流域全体の情報が共有されるように努めている。

筑後川流域連携倶楽部の地域づくりおける活動方針は、「筑後川に遊び」「筑後川に学び」「筑後川で稼ぐ」となっている。これらを具体化するために、「筑後川まるごとリバーパーク」「筑後川まるごと博物館」「筑後川まるごとリバーマーケット」という三つの基本的なプロジェクトを構想した。「筑後川まるごとリバーパーク」と「筑後川まるごと博物館」についてはのちに詳述するとして、ここでは「筑後川新聞の発行」をはじめとした他の事業と活動について簡単に説明しておこう。

筑後川新聞の発行

前述したように、流域の連携を進めるためには情報の共有が欠かせない。筑後川は四県にまたがっているので、通常発行されている新聞だけでは、それぞれの県で読まれている新聞が異なるため情報の共有ができない。そこで、流域の情報を集めて発行することになったのが「筑後川新聞」である。年に六回、毎号二万五〇〇〇部を発行している（次ページの**表**を参照）。

筑後川新聞

筑後川・矢部川まるごと情報

THE CHIKUGO RIVER NEWS

2018年 vol.116（冬号）

発行／特定非営利活動法人 筑後川流域連携倶楽部

筑後川流域圏地域づくり
第24回なんでも相談会、開催

筑後川新聞 2018 年 vol.116〈冬号〉

①**創刊号（1999 年 9 月 17 日発行）**――当初は、新聞づくりや流域全体の情報をカバーする能力が筑後川流域連携倶楽部（以下、連携倶楽部）では十分ではなかった。西日本新聞社の協力を得て、記事の一部と編集の指導を依存する形でスタートした。

②**第 12 号（2001 年 8 月 10 日発行）**――西日本新聞社から紙面づくりを学ぶなかで「筑後川まるごと博物館」が発足したので、製作の一部（インフォーメーションと活動グループ紹介）を連携倶楽部とスタッフが行うことになった。

③**第 18 号（2002 年 8 月 15 日発行）**――新聞全体のレイアウト、編集を西日本新聞スタッフから独立させ、連携倶楽部と日田の熊谷デザインが独自に行い、特集号以外の記事を「まるごと博物館」の学芸員が西日本新聞から収集するようになった。

④**第 35 号(2005 年 5 月 31 日発行)**――35 号から実質的な独自紙面となり、これまで経験を積んだ学芸員が上・中・下流域で各々独自に取材をし、写真も含めて独自の紙面作成となった。自立した紙面づくりになったこともあって、2006 年 3 月には「全国地域づくり誌コンテスト」で優秀賞を受賞している。現在、デザインは久留米のヒエダデザイン研究所が行っている。

⑤**第 100 号の発行（2016 年 4 月 10 日）**―― 100 号の発行を記念して、創刊号から 100 号まで、800 ページを超える完全復刻版（オールカラー）を発売している。本体価格 12,000 円にもかかわらず、500 部が販売できた。

復刻版「筑後川新聞」の表紙

表・「筑後川新聞」の歩み

二〇一九年二月現在、第一一七号まで発刊している「筑後川新聞」だが、記念となる一〇〇号を発行したときには関係者全員が大いに沸いた。もちろん、記念号ということもあるのだが、実はこのとき、筑後川流域連携倶楽部が「第一八回日本水大賞」[2]のグランプリを受賞した報告会も兼ねての祝賀会を開催している。グランプリの受賞理由を抜粋して紹介しておこう。

県境や市町村を飛び越えて流域の視点から連携した活動を行うため、今年で三〇回を迎える「筑後川フェスティバル」の開催や、一〇〇号を超えた「筑後川新聞」の発行などを行ってきました。本活動は流域の自然的・歴史的な結びつきを取り戻す、市民による流域連携の模範となるものであり、高く評価できるものであることから、大賞に相応しいと判断しました。（第一八回日本水大賞・各賞の選定理由より）

久留米で開催されたこの祝賀会の際、関係者のみなさんに改めて報告をさせていただいたが、二〇〇人を超える出席者から大喝采が上がった。まさに、流域で活動するみなさんのおかげで受賞できたグランプリと言える。

（2）「安全な水、きれいな水、おいしい水にあふれる日本と地球をめざし、水循環系健全化に寄与する」という目的で一九九八年度に創設された。国土交通省河川局所管の社団法人日本河川協会に事務局があり、環境省や農林水産省などの七省や、治水・環境団体などが後援している。名誉総裁は秋篠宮文仁親王殿下となっている。

筑後川リバーマーケット

筑後川流域圏は、久留米絣《かすり》に代表されるように伝統工芸品の宝庫である。これら工芸品の伝統を活かし、生活に潤いをもたせようとはじめたのが「筑後川リバーマーケット」である。筑後川流域圏でパソコンとネットワークを活用して、SOHO(Small Office/Home Office)を生き方のスタイルとして自宅などで仕事をしている人たちのネットワークである「SOHO筑後川」のメンバーが運営主体となり、筑後川流域連携倶楽部がバックアップをしている。

言ってみれば手工芸品のフリーマーケットであるが、これまでに二回開かれている。筑後の素材を使ったものか、製作者が筑後出身あるいは筑後を製作拠点にしていることが出店条件となっている。このフリーマーケットの主旨は、二〇一五(平成二七)年に「ちくご川まるごと市」として結実している。

100号記念祝賀会で「日本水大賞」グランプリを発表

コラム・「ちくご川まるごと市」がオープン！

筑後川流域の物産を集めたアンテナショップ「ちくご川まるごと市」が、久留米市六つ門、久留米２番街アーケードに開店した。ＮＰＯ法人筑後川流域連携倶楽部は、筑後川流域で環境保全や地域の活性化に取り組むグループや個人のネットワークであるが、流域全体が遊び・学び・仕事が一体化した活動の舞台になることを目指してきた。

学びの場として「筑後川まるごと博物館」を、遊びの場として筑後川流域を水と川のテーマパークと見なす「筑後川まるごとリバーパーク」を構想し実現してきた。残った仕事の場として、地産地消を推進すると同時に、新しいビジネスの創出を目指す「ちくご川まるごと市」を実現させた。

店内には２０の貸ブースがあり、そこに流域全体から出店されている。奥にはちょっとしたイベントができるスペースもあり、ショッピングやミニコンサートなどで楽しんでもらえる所となっている。また、代金の一部が流域の森林整備に寄付される環境貢献型商品も販売している。

隣にカフェ「KUHON」がある。筑後川流域の経済圏の活性化や地域の交流拠点を目的として立ち上げたカフェである。地域の食材を使い、本格的なフレンチが提供されている。そのほか、地域の子ども達のための「子供食堂」も行っている（毎週日曜朝８時に100円）。

住所：〒830-0031　久留米市六ツ門町７－15　２番街アーケード内
電話：0942-39-1230

筑後川流域の特産物が展示即売されている「ちくご川まるごと市」の店内（左）と「ＫＵＨＯＮ」の入り口

「水の森」での山林保全と環境教育

筑後川流域連携倶楽部の発足時、日田市から四ヘクタールの山林を無償で貸し出すという申し入れがあった。そこを拠点として、植林や下草刈りを行いながら、子どもたちの環境学習の場になるよう整備することにした。上流から水を育む山林をイメージして、この場所を「水の森」と名づけた。一九九九年に山小屋が完成し、活動が本格化することになった。

筑後川カード

地域づくりの活動において、常に悩みの種となるのが資金不足である。「筑後川カード」というのは一般的なクレジットカードで、カード会社の協力のもと、このカードを使用すれば買物額の〇・三パーセントが筑後川流域連携倶楽部に寄付されることになっている。いただいた寄付金は、主に環境保全活動に使用している。

「水の森」で行ったボランティアの
夏作業「森の大学」

地域通貨「カッパ」

筑後川流域連携倶楽部では、ボランティア活動を活発にし、地産地消を促進するために地域通貨「カッパ」を発行している。原則として、一時間のボランティアで六カッパ（六〇〇円相当）が支給され、流域にある八〇数か所の協力店で使用ができる。年間、一万カッパ（約一〇〇万円相当）が現在流通している。

「源流の碑」を建立

一般社団法人北部九州河川利用協会(3)の協力で、筑後川の本流や支流の源流地帯に「源流の碑」を建立し、源流地帯の環境保全のシンボルとするとともに、上流と下流の人的交流のシンボルとした。二〇一一年三月には九重町タデ原湿原に、同年一一月には南小国町に建立し、二〇一二年に日田市上津江町、二〇一三年に東峰村小石原、二〇一四年に神埼町、二〇一五年にうきは市、二〇一六年筑紫野市と、合計七か所に建立している。

（3）福岡県、佐賀県、熊本県および大分県における河川の愛護、高度利用及び河川環境の整備並びに水災害の防止に関する事業の円滑な推進を支援し、河川の利用推進、整備または保全の実施により、地域社会の健全な発展と安全の増進に寄与することを目的に設立された。　〒八三九―〇八〇一　久留米市宮ノ陣三丁目八番八号　電話：〇九四二―三四―六七三三

筑後川源流碑の除幕式（神埼市）

地域通貨の「カッパ」

（4）筑後川まるごと博物館の活動

公開講座「筑後川流域講座」の開講

前述したように、NPO法人筑後川流域連携倶楽部が一九九九年に設立されたことに伴い、その主要事業としてエコミュージアム「筑後川まるごと博物館」が構想され、流域グループと関係者による検討が行われることになった。さらに、現地調査や流域住民へのアンケート、シンポジウム、講演会などが重ねられ、五十数グループをネットワークした「筑後川まるごと博物館」の全体像ができあがった。

二〇〇一年にパンフレットやホームページが完成し、関係者への説明会を開催するなどして、六月、「筑後川まるごと博物館」が正式に発足した。そして九月、久留米大学で「筑後川流域講座」（公開講座）を開講し、独自の学芸員養成システムもスタートさせることになった。

翌年の二〇〇二年三月、第一期の学芸員二二名が誕生し、七月に行われた第五回全国「川の日ワークショップ」でグランプリを受賞している。そして、二〇〇三年三月には、第一期学芸員を中心とする「筑後川まるごと博物館運営委員会」が筑後川流域連携倶楽部から独立して組織化された。以後、一七期まで延べ六二人が学芸員に認定されている。

筑後川まるごと博物館運営委員会は、二〇一八年で発足以来一五年と

流域講座の講義風景

なる。この間、数々の賞をいただいているが、主なものを列記しておく。

・二〇〇六年　第八回日本水大賞「厚生労働大臣賞」
・二〇〇七年　（社）日本河川協会から河川功労者表彰
・二〇一〇年　第三回ふくおか地域づくり活動賞グランプリ（福岡県知事賞）
・二〇一〇年　ふくおか共助社会づくり表彰協働部門賞（久留米大学と共同受賞）
・二〇一四年　国土交通行政功労表彰（筑後川河川事務所長表彰）
・二〇一六年　九州地方整備局国土交通行政功労表彰（局長表彰）
・二〇一七年　日本自然保護大賞入選
・二〇一八年　生物多様性アクション大賞審査委員賞
・二〇一八年　日本自然保護大賞入選
・このほか、（公財）河川財団から河川基金による優秀成果表彰を受けている（二〇一三年、二〇一五年、二〇一七年、二〇一九年）

特色と目的

従来の博物館は建物の中に資料などを展示するといったものであるが、前述したように、「筑後川まるごと博物館」は筑後川流域に点在する素晴らしい自然や歴史的遺跡、文化的遺産はもちろんのこと、地域の産業や地域住民の生活を含めた有形、無形のものを対象として、それらが点在する場所で保存・継承しながら研究の対象とするものである。いわば、流域全体を博物館と見立てたものである。

建物はないわけだが、展示される資料と学芸員が活動するフィールドがあるので、先に述べた博物館に必要な要素はすべて備わっている。また、二一世紀の博物館においては、四つ目の要素として挙げられている「市民の積極的なかかわりが必要」なわけだが、筑後川まるごと博物館においては、成立の経緯からして市民が積極的に参加していることは言うまでもない。

活動の目的は、次の三つに集約することができる。

❶筑後川流域に存在する自然（景観、生物）、文化、歴史、産業を、もともと存在した場所に保存、維持し、関連付け、筑後川流域全体を「ひとつの博物館」と見なす。

❷流域住民および団体とネットワークを結ぶことによって筑後川流域の環境向上につながり、流域の人々の地域学習の場としていく。

❸右記の活動が発展すれば、筑後川流域に存在する豊かな観光資源を活かされ、地域の風土に根ざした産業が発展し、筑後川流域圏全体の創生につながる。

組織と活動

博物館の運営は、筑後川まるごと博物館運営委員会によって行われている。筑後川流域には環境や歴史・文化についての学術研究、活動グループが数多く存在しているが、そこから選ばれたアドバイザー学芸員、学識経験者からなる顧問、それに久留米大学での公開講座・学芸員養成講座で認定された筑後川まるごと博物館学芸員によって運営委員会は構成されている。実際の運営実務は、学芸員がボランティアで担当している。なお当団体は、二〇一四年に国土交通省より、河川法58条による河川協力団体に指定されている。

現在行っている主な活動は次のとおりである。

❶筑後川流域の総合的調査・研究
❷筑後川流域講座の実施（久留米大学での公開講座など）
❸現地学習会の実施（流域をめぐるツアー）
❹学芸員の養成（大人だけでなく子どもも含む）
❺「筑後川なんでも発見団」（公開講座、大水害を伝える会）の企画実施
❻「ちくご川キッズ探検隊」（子ども向け自然環境体験学習）の運営
❼プロジェクトＷＥＴ指導者（エデュケーター）講習会
❽筑後川リバーパーク展（市民向け流域学習および環境展示会）の開催
❾流域団体との連携協力

これらの活動は、筑後川の管理者である国土交通省九州地方整備局筑後川河川事務所、北部九州河川利用協会、久留米大学経済社会研究所ならびに経済学部、そして筑後川流域連携倶楽部との協力のもとで実施されている。さらに詳しい活動内容を以下で説明していこう。

筑後川まるごと博物館の学芸員達

あなたも筑後川のものしり博士に！ **流域講座 2018(後期)**

おかげさまで 18年目！

久留米大学公開講座「筑後川流域社会経済論Ⅱ」

[講座テーマ]　<第 18 期(後期)学芸員養成講座>　**主催：久留米大学経済学部**

筑後川流域には、豊かな自然と長い歴史に培われた文化を持ち、個性豊かな地域にいろいろな人々が活躍しています。今年度は**「筑後川流域と生活、経済、文化のつながり」**をテーマに、流域の問題、課題やそのための対策など現場で活動している方より講義をお願いします。前期の講義は、**「筑後川流域の風土と社会」**を中心テーマとして、実際の地域や現場を見学する「現地学習」を行って筑後川を身近に感じる事を目的としている。

[期間] 平成 30 年 9 月 24 日～平成 31 年 1 月 7 日　（右写真：流域講座　講義風景）→

講義：月曜日　16：40～18：10　現地学習は別途（土曜日または日曜日）

[対象]久留米大学の学生(単位認定有)および一般学生,一般市民

[参加費] **講義は無料**。現地学習は 3000 円程度(昼食含まず)

[学芸員認定コース]　このコースの選択は自由です。

この講座は福岡県の平成 22 年度「ふくおか共助社会づくり表彰」協働部門賞を受賞しました

☆学芸員ってどんな人？ (筑後川まるごと博物館運営委員会の活動は学芸員が行なっています。)

筑後川まるごと博物館は、建物のない博物館です。この博物館は流域に存在する多くのタカラモノそのままが展示物となります。流域各地のあるがままの姿を流域の人々に解説、案内などして、地域の活性化や流域の環境改善につなげようと、この博物館を運営し活動していく人たちを学芸員と呼んでいます。ただし、国家資格の学芸員のことではありません。

☆認定されるには？　(9 月第 1 講のオリエンテーション時に認定スケジュール、申込書などを配布します。)

認定には、流域講座（流域経済論）の講義 6 回以上の出席と、現地学習 1 回以上の参加及び認定レポートの提出が必要となります。またレポート提出後、面談を行ないます。**現在、第 1 期～第 17 期までの学芸員認定者は 62 人**です。

① この講座と「筑後川大学(10 月～1 月の流域各地での公開講座)」は振り替えが可能です。
(筑後川大学は 5 月～来年 2 月に毎月 1 回の公開講座です。案内チラシが別にあります。この講座中にも随時案内します。)

② 認定レポートは、講座の全日程終了後、提出となります。(テーマ・詳細は認定希望者に改めて連絡します。)

[会場] 久留米大学御井学舎　５００号館１階５１A 教室　　久留米市御井町 1635　TEL（0942）43-4411㈹
(アクセス：西鉄久留米より文化センター経由信愛女学院行乗車、朝妻バス停下車／JR 久留米大学前駅下車徒歩 5 分)

[講座内容] 流域講座 2018(後期)「筑後川流域社会経済論Ⅱ」講義スケジュール(日程、内容等都合により変わることがあります)

1. **9 月 24 日(月)「ｵﾘｴﾝﾃｰｼｮﾝ／筑後川の概要と筑後川まるごと博物館」**（鍋田康成：筑後川まるごと博物館事務局長）
2. **10 月 1 日(月)「筑後川豪雨災害と森林の環境」**（財津忠幸：森林インストラクター）
3. **10 月 8 日(月)「筑後川流域における環境教育の現状」**（張 友樹：久留米大学大学院、筑後川まるごと博物館学芸員）
4. **10 月 13 日(土)** 上流現地学習「小鹿田焼の里、水郷日田と大山の風土を巡る」
5. **10 月 22 日(月)「中流・田主丸の風土と歴史」**（高山美佳：地域づくりプランナー）
6. **10 月 29 日(月)「川で活動する住民団体等の役割と取り組み」**（田上敏博：(一社)北部九州河川利用協会専務理事）
7. **11 月 12 日(月)「水郷・柳川の風土と再生の歴史」**（立花民雄：柳川水の会会長）
8. **11 月 19 日(月)「下筌ダムと蜂の巣城、闘争から 60 年」**（古賀邦雄：古賀河川図書館）
9. **11 月 24 日(土)** くるめウス体験学習「プロジェクト WET・水の教育プログラム実習」
10. **12 月 3 日(月)「筑後川流域の脅威と恩恵の歴史(古墳時代～)」**（羽田史郎：筑後川まるごと博物館学芸員）
11. **12 月 9 日(日)** 下流現地学習「柳川堀割散策、八女岩戸山古墳と矢部川を巡る」
12. **12 月 10 日(月)「(仮)下流大川の近代化遺産と佐賀財閥の関わり」**（本間雄治：NPO 法人大川未来塾）
13. **12 月 17 日(月)「地図で見る久留米の歴史、風土」**（堂前亮平：久留米大学文学部特任教授）
14. **12 月 24 日(月)「筑後川流域圏の経済地図」**（浅見良露：久留米大学経済学部教授、筑後川まるごと博物館館長）
15. **1 月 7 日(月)「復習テスト」**（浅見良露：久留米大学経済学部教授、筑後川まるごと博物館館長）

※講師の都合等によりスケジュールが変更となる場合があります。●講義中に教科書を販売します。予約価 1,000 円

●参加希望者は直接、会場へおいでください。現地学習には一般受講者も参加できますが、バス定員超過の場合は学生優先とします。

<講座についての問い合わせ> 久留米大学御井キャンパス教務課　Tel：(0942)44-2071

<講座運営>筑後川まるごと博物館運営委員会　〒839-0863 福岡県久留米市国分町 1986－4－202　Tel, fax：(0942) 21-9311

e-mail：ppnpf822@yahoo.co.jp　ホームページ：http://ccrn.jp/　ブログ筑後川新聞 http://news.ccrn.jp/

10/13 現地学習　上流域・小鹿田焼の里

11/24 体験学習・プロジェクト WET 実習

12/9 現地学習　下流域・柳川堀割

流域講座 2018 後期の案内

公開講座「筑後川流域社会経済論」と現地学習および体験学習

筑後川まるごと博物館では、久留米大学の協力のもと公開講座「筑後川流域社会経済論」を通年で開講している。公開講座であるため、久留米大学の学生だけでなく一般市民も自由に受講することができ、毎回六〇名前後の学生と一般市民が受講している。

前期は四月〜七月の毎週一回、後期は九月〜一月の毎週一回開講しており、毎回流域各地から多彩な講師をゲストに招いている。また、期間中には、実際に現地を見学して地元で活動している人から説明を受けるという「現地学習」も行っている。これは、前後期に上流、中流、下流を四回に分けて実施している。この現地学習には、毎回二〇〜三〇名前後の学生や市民が参加しており、現地体験の感動を共有している。さらに、二〇一七年からは久留米大学がプロジェクトＷＥＴ（三四ページ参照）の導入校となったため、水に関する教育プログラムの体験学習も行っている。

独自の学芸員養成システム

筑後川まるごと博物館には、前述したように、独自の学芸員養成システムがある。この学芸員は「筑後川の案内人、解説者」という位置づけとなり、「筑後川まるごと博物館」の運営委員会メンバーとしてさまざまな活動を担っている。

希望すれば、学生、一般市民を問わず誰でも学芸員に応募することができる。応募資格として、「筑後川流域社会経済論」を六回以上受講し、「現地学習」に一回以上参加することが条件となっている。学芸員を希望する人は、期末に課題レポートを提出し、担当者（「筑後川まるごと博物館」館長、副館長、事務局長）の面談を受けたのちに認定となる。二〇一八年第一七期の認定を終えた現在、学芸員の在籍数は三二名となっている。

ちくご川子ども学芸員養成講座

すでに紹介しているように、筑後川まるごと博物館運営委員会はさまざまな活動を行っているのだが、子どもたちの「得意分野をグーンと伸ばそう」を目標として、二〇一一年にはじまったのが「ちくご川子ども学芸員養成講座」（筑後川まるごと博物館運営委員会主催）である。毎年、七月から毎月一回行い、六回目となる一二月に終了となっている。

この活動は、年間六回の連続講座に参加することが必要となっている。専門家が子どもたちに密着指導して、五回のフィールドワークで各自が調査研究を行い、最終回は、筑後川と支流の高良川が合流する場所にある「くるめウス」において各自で調査研究をまとめた作品づくりを行い、保護者や一般の人、約五〇人の前で一人ひとりが発表することになる。二〇一八年はとくに低学年の子どもたちが頑張り、小学一～三年生がつくった立派な作品と堂々とした発表の様子が喝采を受けていた。

二〇一八年は、最後の発表まで行った小学生一〇人に「ちくご川子ど

「ちくご川子ども学芸員」の認定書を授与

も学芸員」の認定書を授与している。これで、二〇一一年の第一期から数えて合計七三人となった。この講座には、連続して参加するといった参加者が多い。その理由を尋ねてみたところ、「一回発表を経験すると度胸がついて、次回も出たくなる」という答えが返ってきた。

この年も、講座修了後に参加した子どもたちや保護者に感想を聞いているので、簡単に紹介しておこう。

「新たな発見が次々とあり、充実していた」、「学校ではできない友達ができた」、「観察の仕方がより深くなった」といった子どもたちの感想に対して、「消極的だった子が積極的になり、この活動が子どもの人生を変えてくれた」、「大勢の人の前で発表する機会があるのがいい」、「子どもの成長を実感できた」「協働の精神、自立と探求の心が養える」という保護者の感想をいただいている。主催するわれわれとしてもありがたい感想で、これらの言葉が毎年開催するモチベーションともなっている。

二〇一八年一二月七日、今年の講座を終えた五日後、筆者（鍋田康成）は東京に向かった。なんと、「国連生物多様性の一〇年日本委員会」が主催している生物多様性アクション大賞の「審査委員賞」を受賞し、東京ビッグサイトで行われた授賞式に出席したのだ。二〇一七年には「日本自然保護大賞」にも入選しており、二年連続の栄誉となった。もちろん、このような受賞もわれわれのモチベーションとなっている。

実は、この活動のなかで、多くの中学・高校生が自らの将来を見つけかけている。また、低学年の子どもたちは、そんな先輩たちの背中を見ながら、彼らと交わることで仲間とともにさまざまな方面での興味を深めつつある。その一例となるのが、二〇一七年の講座を受講した中学・高校生である。彼らは小学生のころから連続して参加し、次のような研究・発表を行っている。

「くるめウス」は市街地に隣接しているが、筑後川沿いにあるため自然環境が豊かな所である。トンボやバッタ、チョウ類など多くの昆虫が生息している。この場所で、高校二年生が昆虫三〇〇種を見つけてデータ化しているほか、高校一年生が昆虫の飛び方に興味をもち、飛び方の分類を行ったうえで、「ウスバキトンボの飛び方はゼロ戦に似ている」という仮説を立てて、その飛翔能力について研究をしているのだ。

また、中学二年生の男子は、昆虫好きから発展して化学に興味をもつようになり、「毒をもつ昆虫とその成分」を研究発表し、子どもたちに毒虫への注意を促している。ちなみに彼は、「化学の道に進みたい」と言っていた。

このように、この活動は地域や学校という壁を越え、年齢の差も関係なく、「知っている人」が「知らない人」に教え、互いに切磋琢磨するという情報交換の場ともなっている。常に、専門家から助言を受けることができるという環境も、参加者にとっては居心地がよいらしく、本来は高校に進学するとこの講座は卒業となるのだが、専門家の助手として活動に参加している。

主催者側にとっても、このような状況はありがたい。なぜなら、この活動を今後も続けていくためには若い力が必要であるからだ。二〇一〇年、二〇年とずっと続けていくためには、現在の高校生や大学生にもこの活動を知ってもらい、近い将来、講座の運営を担っていただきたいとも考えている。

ちくご川子ども学芸員養成講座の参加者（2018年）

さまざまなことが理由で学校では難しいこのような活動が、全国各地で行われていることだろう。それらの各団体とも連携をしていきたいが、「ちくご川子ども学芸員養成講座」のように年齢幅が広い活動は少ないと思われる。本書によって筑後川のモデルが全国に広がり、多様な「子ども学芸員養成講座」が立ち上がることも願っている。

「筑後川流域まるごとリバーパーク」構想への対応

運営委員会は、ＮＰＯ法人筑後川流域連携倶楽部と協働して、流域創生の柱とするべく「筑後川まるごとリバーパーク」構想を進めている。これは、筑後川流域の豊かな自然、食、祭り、文化などを活かした「遊び・観光」を中心として、流域経済を活性化させることを目的として構想されたものである。これについては、のちほど詳しく説明をする。

「筑後川大学」

筑後川流域は、筑後川から多くの恵みをもらっている。しかし、かつて多くの人々においては筑後川にあまり関心がなく、川は汚れて水質は悪化の一途をたどっていた。そこで、筑後川への関心を高めることを目的として、一般社団法人北部九州河川利用協会の支援

「くるめウス」で開催された
筑後川大学（公開講座）

のもと、二〇〇七年度より一般市民向けの公開講座をはじめることになった。それが「筑後川大学」である。

流域で活動し、研究している人々を講師に招き、年間を通して毎月一回の講義を行い、二〇一八年で一二年目となる。また、年に数回だが、流域各地で出前講座も行っている。

「筑後川なんでも発見団」の活動

筑後川防災施設「くるめウス」[4]を拠点として、自然、環境、生活、文化、歴史など筑後川流域を学び知る体験イベント、気楽な講座、分かりやすい展示など、高齢者から子どもまで年代を問わず親しめる活動を行っている。

二〇〇三年から実施し、二〇一八年で一六年を経過して、来場者延べ一〇万人以上という実績をもつ「昭和二八年　筑後川大水害写真展および大水害を伝える会」（第2章参照）では、毎年、体験者の方々が発表する場ともなっており、名物展となっている。またそのほかにも、流域で活躍した人物の物語や、流域の自然や生活を映像とともに紹介する講座、流域の歴史を掘り下げる講座などが人気を集めている。

「筑後川大水害写真展」の様子

くるめウス全景

「ちくご川キッズ探検隊」の活動

小中学生なら誰でも楽しみながら参加できる自然環境体験学習である。これは、二〇〇五年より活動をはじめている。筑後川防災施設「くるめウス」を基地として、子どもたちが筑後川流域の自然や生き物に親しみ、地域の環境などを知り、考えるという活動を年間通して行っている。

夏休みには「こ～ら川こども探検隊」として川に入り遊びながら水質や生き物などの体験学習や自然観察会、また「くるめウス」での実験や体験を伴う環境学習など、子どもたちが楽しんで学べる場を提供している。これらの活動は、流域で活動している個人、グループ、団体の方々と協力し合いながら実施している。

また、二〇〇四年より、幼児向けに「筑後川の紙しばい」の公演を年に四回ほど定期的に行っている。筑後川流域に残る民話を題材にしたオリジナルの紙しばいを製作し、「くるめウス」や地元のイベント会場などで開催している。

こ～ら川子ども探検隊

（４）　一九五三年の大水害から五〇年目となる二〇〇三年、人々に大洪水の記録を伝え、災害から身を守る治水の大切さを伝えていくことを目的として建設された河川情報拠点施設。　〒八三九―〇八六五　福岡県久留米市新合川一丁目一の三（百年公園東側）電話：〇九四二―四五―五〇四二　開館・九：三〇～一七：〇〇　休館：月曜日（月曜が祝日の場合は火曜日）休館：一二月二九日～一月三日。

「プロジェクトWET指導者（エデュケーター）講習会」の実施

二〇一七年から、水について子どもたちに分かりやすく教える先生（エデュケーター）を育成する講習会を年二回行っている。二〇一八年一二月の実施で四回目となり、九〇人がエデュケーターとなった。そして、このなかから上級のファシリテーターに八人が認定されている。

先にも述べたように、二〇一七年より久留米大学がプロジェクトWETの導入校になり、学生の受講者は徐々に増えてきている。エデュケーターが活躍できる場として、子ども向けWET体験会「水のふしぎ」を行って、九州全域にプロジェクトWETが普及するように尽力していきたいと考えている。

（5）筑後川まるごとリバーパーク

筑後川まるごとリバーパークとは、筑後川まるごと博物館が掘り起こした流域の宝を見学したり体験することで楽しむというもので、筑後川まるごと博物館とは表裏一体となっている。また、筑後川流域全体を「川」と「水」を主題としたテーマパークとして捉え、流域全体が画一的にならないように一一のゾーンに分けたうえ、各ゾーンの特色を明示し、観光資源を最大限活かせるように地域づくりを考えるものである。その全体像は**図1－1**のようになっている。

リバーパーク構想の推進にあたっては、久留米大学業経済社会研究所筑後川プロジェクト、NPO法人筑後川流域連携倶楽部を中心に、国土交通省九州地方整備局筑後川河川事務所、一般社団法人北部九州河川利用協会、財団法人久留米観光コンベンション国際交流協会や筑後川流域観光ネットワークをはじめとして、流域市町村観光協会ならびに筑後川流域の活動グループの協力のもと進められてきた。「筑後川まるごとリバーパーク」の基本的コンセプトをまとめると次のようになる。

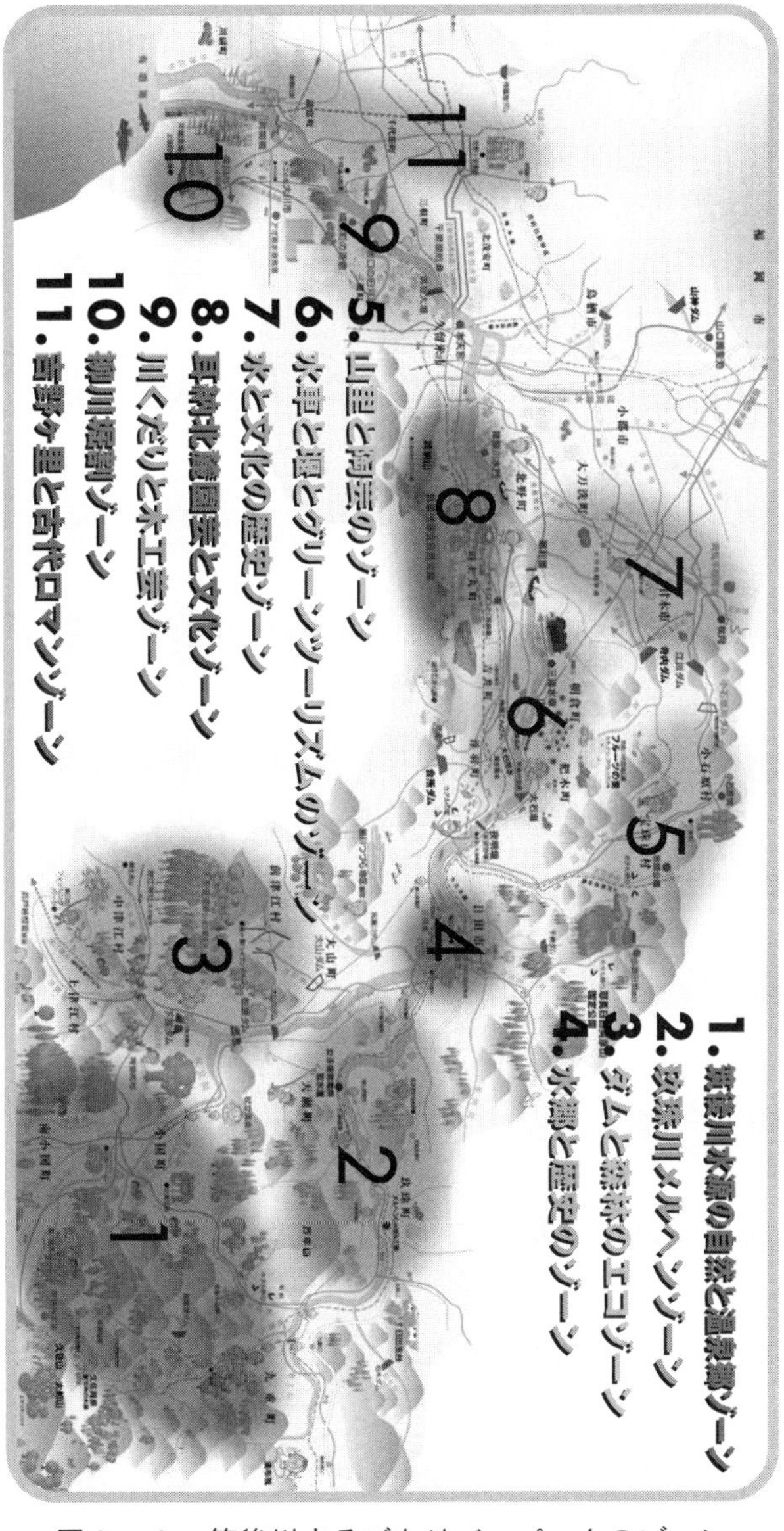

図1－1　筑後川まるごとリバーパークのゾーン
（出所：筑後川まるごとリバーパークパンフレットより）

❶筑後川水系を中心に、筑後川流域全体を対象にした広域観光である。いわば、筑後川流域を、川と水をテーマにした一つのまとまりのあるテーマパークとする。

❷観光が画一的にならないように流域を一一のゾーンに分けて、それぞれのゾーンの特色を最大限に活かしている。ディズニーランドにたとえると、一一のゾーンは「冒険の国」「おとぎの国」「未来の国」などになる。ビジターは、別のゾーンに新しい刺激を期待してドキドキして訪れることになる。

❸各ゾーンでは、地元の活動グループを主体に着地型のツアーを企画している。

❹各ゾーンで企画したツアーをネットワークすることで、筑後川まるごとリバーパークの多彩な観光資源がアピールでき、滞在者やリピーターの確保につながる。

❺筑後川流域の環境・文化の保全に努めることがリバーパークの魅力を高めることになり、流域の活性化（持続可能性）に寄与している。

（6）筑後川流域にある「川の駅」

ツアーに参加するということは、毎日の忙しい生活環境から開放されるだけでなく、参加者間のコミュニケーションの場ともなる。ＩＴ時代と言われ得る現在、インターネットを通じて遠隔地での情報交換や人的交流が盛んに行われている一方で、近距離にある住宅区域、教育機関、街全体の交流にはさまざまな問題が発生している。人と人の交流は、都市部において極めて少なくなっているというのが実情であろう。

現在、人の交流と連携を目的とした各種の「たまり場（駅）」、つまり「道の駅」「まちの駅」「川の駅」「海の駅」などが全国で三〇〇〇か所以上存在している。また、文部科学省、厚生労働省、国土交通省などの行政機関は新しい運営システムを模索しており、川＝流域を軸にした「かわまちづくり」事業も全国に広がりつつある。

とはいえ、「道の駅」を除くとそのほかの「たまり場」の存在感は薄い。さらに、地域づくりや街の活性化を担っている行政や民間団体は、ごく一部を除いて、地元の管轄している地域にだけ注目して、その地域だけが繁栄すればよいという考えとなっている。それだけに、行政の境界を越えて、川とその流域を軸にした共助の「たまり場（駅）」ネットワークとしての「川の駅」を普及させることが必要となってくる。

川を軸にした地域づくりは、言葉を換えれば「流域づくり」と言えるだろう。上・中・下流域は、川を通じて切っても切れない関係がある。「川の駅」を拠点として、川

「川の駅」モニュメント第１号

の両岸地域だけでなく広範囲にわたる地域の交流および連携という役割を果たすことができる。

「川の駅」は、新たに建設する必要はない。既存の官・民の施設を活用して、「川の駅」として登録認定をすればよいだけである。その条件は次のようになる。

❶川案内人、地域についての基本的情報資料（公的施設、観光案内など）

❷看板

これに加えて、必要条件ではないが、以下のものが整っていると「川の駅」がさらに生きてくる。

❸駐車場

❹地場産品の直売場

❺交流施設

❻共用自転車（まちの駅、道の駅と連携して、それぞれの拠点で貸し出し、返却ができる）

❼「ことづけもの」の受け渡し（まちの駅、道の駅と連携して、ことづけネットの形成）

「筑後川まるごとリバーパーク」構想委員会では、流域をめぐるさまざまなモデルツアーを企画している。本書の刊行に際し、読者のみなさまに筑後川流域全体を簡略化して案内するという意味において、かつて四泊五日で実施した「筑後川再発見の旅」を紹介していきたい。もちろん、流域各地についてはのちの章で詳しく説明していくが、まずは以下の記述で全体像をつかんでいただけると幸いである。

3　筑後川再発見の旅
――源流から河口までを辿る一四三キロの旅

北部九州四県、二八六〇キロ平方メートルの広大な大地を潤してきた「筑紫次郎」とも呼ばれる筑後川、阿蘇・九重の源流に位置する山々から有明海に至るまでの貴重な自然と人々の営みをここで紹介していくわけだが、九州以外に住んでおられる方にとってはそれほどポピュラーな川ではないだろう。そこで、メンバー五人がプロローグで紹介した池田さんの写真集に沿って四泊五日の旅を行い、そこで目にした現在の様子を読者のみなさまに紹介することにする。

なお、この旅は二〇〇九年から現在に至るまでコースを変えて行っている。ちなみに、二〇一九年はＪＴＢとの協力のもと、一〇回に分けて下流から上流までを辿ることになっている。また、本書の口絵（カラー）において、池田さんが撮られた写真の一部も紹介させていただくことにした。

古来より生活の糧を得たり、交通や輸送の手段であったりと、流域に住む人々の生活にさまざまな役割を果たしてきた筑後川。この川にかかわった先人たちの歴史や、筑後川の自然や環境を確かめ、そのよさを改めて発見する旅となった。

この旅では、さまざまな角度から筑後川を見ることになる。歩きながら、サイクリングをしながら、車窓から、そして船上から見るという企画を立てた。旅の間、流域の人々と協力をして筑後川の清掃を行ったり、郷土料理を楽しみながら各地域の人々と交流することにもした。五感を通して筑後川の魅力を発見する旅に参加したのは総勢一〇人。まずは、久留米から車でスタート地点となる源流域に向かった。

筑後川源流と温泉郷（一日目）

二〇〇九年一一月、紅葉のピークは過ぎていた。わずかに残った紅葉が霧に濡れて美しい。熊本県南小国町満願寺に位置する「清流《きよら》の森」、その入り口辺りに広がる冷泉地帯は「すずめ地獄」と言われ、草木も生育できないほどに亜硫酸ガスが噴出している。そのガスで、小鳥やタヌキなどの小動物が死んでしまうこともあることからこの名前が付いたという。

旅のスタート地点はこのような所である。すぐ近くに、かつてこの辺りが川底であったことを物語る奇岩石群もある。展望所もあり、天気がよければ阿蘇五岳の見事な涅槃像《ねはんぞう》を間近に見わたすことができる。

渓流沿いに、落ち葉を踏みしめながら歩くことにした。落ち葉の発する音が楽しい。今、歩いている所に、約九万年前に起こった阿蘇山の大噴火によってできた外輪山の一つである平野台がある。この平野台には、

源流より河口までの旅がスタート

筑後川源流付近の「清流の森」

二〇一一年一一月に建立された「源流の碑」がある。つまり、ここが筑後川の源流の一つとなる。

ここから、「筑後川発見の旅」のテレビ取材班（福岡放送・FBS）が同行することになった。ちなみに、二〇一〇年元旦、このときに撮影された様子がオンエアされている。いよいよ、筑後川一四三キロ、源流から有明海へ向けての長い旅がはじまる。

源流付近には、黒川、小田、白川、田の原、満願寺などの温泉郷がある。日本全国に知れわたった黒川温泉街を歩き抜け、秘湯・田の原温泉にある「大朗館」(5)に泊まることにした。この宿は、山田洋次監督の映画『男はつらいよ』のロケ地としても有名な所である。「寅さん」も入った貸し切り風呂で疲れをとり、夕食を食べながら全員で「夜なべ談義」となった。せせらぎの音がそうさせるのであろう。参加メンバー全員が、筑後川への思いを熱心に語り合った。

渓谷美と「蜂の巣城物語」の下筌《しもうけ》ダムへ（二日目）

さわやかな朝の目覚め。この日は、田の原温泉から杖立《つえたて》温泉まで、清流沿いに約二〇キロのウォーキングを楽しむことにした。まず向かったのは「夫婦滝」。小国杉に囲まれた深山の滝で、夏でも涼しい別天地である。「縁結びの滝」として若者の人気スポットともなっている。入り口の売店で販売されている「愛・

(5)　八つの貸し切り風呂がある。温泉につかった後、地元食材でつくられた料理を堪能することができる。〒八六九—二四〇二　熊本県阿蘇郡南小国町満願寺七一三〇　電話：〇九六七—四四—〇九〇八逢絵馬」が人気のようで、至る所に飾られてあった。若い人たちがこの辺りまで足を運んでいることが分かり、うれしくなってくる。

この滝は、田の原川と小田川の合流点にある。黒川温泉や田の原温泉を流れる田の原川の滝が「女滝」で、小田温泉を流れてくる小田川の滝を「男滝」と言う。その光景は、「夫婦滝」という名称にふさわしい。

小国町の田園風景を楽しみながら川沿いを歩いていく。自然と共生してきた先人たちの知恵を活かした沈下橋や谷水の利用法など、知識としてはあったが、こうして目の当たりにすることでそれ以上の発見がある。「百聞は一見にしかず」とは、よく言ったものである。

次に立ち寄ったのは、国の天然記念物に指定されている巨大な「下城のイチョウ」。このイチョウの樹齢は一〇〇〇年以上と言われており、幹周り約一二メートル、高さ約二五メートルもある。残念ながら紅葉の時期が過ぎているので、このときは金色に輝く大イチョウを見ることはできなかった。何人かのメンバーが、「来年は必ず見る」とつぶやいていた。

大イチョウのすぐ下から、落差三〇メートルの「下城の滝」を正面から見ることができる。九万年前の阿蘇第四火砕流堆積物を浸食してできた滝である。少し上流には「霧通しの滝」と「鍋釜の滝」もあり、河川がつくりだした渓谷が美しい。

「女滝」（左）と「男滝」の夫婦滝

この日の目的地である杖立《つえたて》温泉では、川沿いにある露天風呂に入浴し、旅の汗を流した。宿は、下筌ダム湖畔にある知人のログハウス。中津江地域の人々が準備してくれた「イノシシ鍋（ボタン鍋）」に舌鼓を打ちながら、地元の人たちとの交流会をこの日は楽しんだ。

下筌ダムは、一九五八（昭和三三）年、建設予定地の地区住民が室原知幸氏をリーダーに、「公共事業は法にかない、理にかない、情にかなうものでなければならない」と主張してダム反対決議を行い、「蜂の巣城闘争」がはじまった所である。

このダム計画は、その五年前に起きた未曾有の大災害、つまり「昭和二八年の筑後川大水害」を切っ掛けに計画されたものである。翌年、室原たちはダムサイト右岸に闘争のための砦「蜂の巣城」を築造し、アヒルや牛も反対闘争に参加させ、機動隊に対して糞尿をまき散らしたりしたほか、水中乱闘事件にまで発展していった。その後、法廷闘争、代執行を経て、一九七〇（昭和四五）年に室原氏が死去したことで遺族が和解受託し、一三年に及ぶ室原氏の闘争はようやく終結した。この反対運動は、その後の公共事業の進め方に大きな教訓を残している。

この紛争については、作家松下竜一のノンフィクション『砦に拠る』（筑摩書房、一九七七年）で紹介されているほか、映画監督の大島渚がテレビ・ドキュメンタリー『反骨の砦　蜂の巣城の記録』（日本テレビ、一九六四年）を製作しているのでご覧になった人もいるだろう。

映像には、松原・下筌ダム建設に反対する住民の記録が残されており、現在もインターネット上で見ることができる。一時期、関係者の間で「蜂の巣城物語」の映画化に取り組もうという話が出たこともあった。

言うまでもなく、実現に向けての新たな努力が必要となるわけだが、それ以上に「蜂の巣城紛争」のことを若い世代に伝えていかなければならないと考えていたところ、朗報が入った。『砦に拠る』を原作とした演劇『砦』が、闘争終結五〇周年となる二〇二〇年に日田市での公演が予定されているのだ。

最新の情報ゆえ、少し話が脱線することになるが、この演劇について説明をしておきたい。

演劇『砦』は、福岡県出身の劇作家・演出家の東憲司氏が室原夫妻への深い愛情の目をもって作・演出を担当し、トム・プロジェクトがプロデュースして舞台化したものである。二〇一六年に初演され、二〇一八年は三月から四月にかけて北海道、四国、東京で再演されてきた。何と、出演する役者は五人だけである。われわれメンバーの一人が、四月一三日に東京・両国の「シアターX《カイ》」での公演を観てきたので、その観劇記を以下で紹介したい。

演劇『砦《とりで》』の公演・観劇記——下筌ダム建設時の蜂の巣城闘争を描く

国技館のあるＪＲ両国駅で降りて、歩いて一〇分弱の所に「シアターX」はある。何と、かの有名な鼠小僧次郎吉の墓がある寺「回向院」の元境内に聳え立つインテリジェントビルの一、二階、そこがこの劇場である。「めざすのは演劇詩です」というスローガンのもと、一九九二年に開業した。最大となる座席数は三〇〇席以上ということだが、多くの場合、一六〇席での公演となっている。この日も、一七二席という設定になっていた。

主人公である室原知幸役は、佐賀県出身で昭和二八年の大水害を経験している村井國夫が務め、その妻ヨシ役は藤田弓子となっている。この二人の役者が故郷を愛した夫婦を熱演した。ほかの三人の役者が、村人や建設省（現・国土交通省）の役人、そして機動隊などを演じ分け、闘争の雰囲気を大いに盛り上げていた。

室原氏の死後、赤字に白丸（日の丸の逆）の室原王国旗を妻ヨシがミシンで縫いながら回想する場面からはじまり、闘争の開始から終結まで、一連の主なエピソードがもれなく描かれている。最後の場面では、立場上では敵同士であった室原氏と建設省の副島工事事務所長との間に心の通い合うといった場面も描かれており、感動の二時間があっという間に過ぎた。

この闘争が、のちの公共事業の進め方に大きな教訓を残している。それだけに、この演劇の九州での公演を、是非願う。（鍋田康成・「筑後川新聞」二〇一八年六月一〇日、113号）

演劇『砦』の公演チラシ

このときの東京公演は六回行われているが、すべて満席状態であったとのちに聞いた。そして現在、前述したように、二〇二〇年には日田での公演が計画されているのだ。プロデュース会社である「トム・プロジェクト」に尋ねたところ、「同年には中国地方での公演が一〇回以上決まっているので、そのまま九州に入り、日田だけでなく、村井國夫氏の出身地である佐賀や博多でも公演したい」という話であった。

いずれにしろ、「筑後川流域連携倶楽部」や「筑後川まるごと博物館」を運営するわれわれにとっては楽しみな話であるし、実際に公演されることを期待したい。

梅林湖での遊船と簗場《やなば》での鮎の塩焼き（三日目）

朝、松原ダム湖（梅林湖）で遊覧船に乗り、静かな湖面に映える紅葉と杉林の緑を楽しんだあと、松原ダムの下から大山まで歩いた。大山付近の紅葉はこのときがピークで、太陽に輝くイチョウがこのうえなく鮮やかであった。たった一日で、季節の流れを知ることができる。

玖珠川《くすがわ》と大山川の合流地点から三隈川《みくまがわ》となる。筑後川の本線であるが、前述したように、日田の人たちは日田を流れる筑後川を「三隈川」と呼んでいる。すぐそばに竹田公園がある。それほど大きな公園ではないが、プールやテニスコートもある近代的な公園だ。川沿いに「人助けの木」と呼ばれている椋の木がある。その木の近くが鮎の簗場になっており、捕ったばかりの鮎を塩焼きにしたり、背ごし（刺身）にしてくれる。三隈川の流れ

松原ダム湖

を眺めながらの鮎料理、言うまでもなく格別なものであった。

昼食後、中の島に立つ三隈川交流センター「朝霧の館」で、日田地区における三隈川への取り組みについて話を聞いた。その後、日田市内を散策して、福岡県うきは市の筑後川温泉までは車での移動となった。

筑後川温泉は、一九五三（昭和二八）年の水害後、川の水がぬるい所が発見され、ボーリングをしたところ温泉を掘り当てたという比較的新しい温泉地である。筑後川の瀬音を聞きながら、「リバーサイドつるき荘」で地元の人たちとの交流会となった。

Eボートと自転車で筑後川を下る（四日目）

朝食後、近くにある大石堰を見学したあと、筑後川温泉の対岸となる朝倉市杷木側の筑後川沿いの原鶴《はらづる》温泉まで、地元の高校生やPTAとともに清掃活動を行った。ここ原鶴温泉では、Eボート(6)で川下りを楽しんだ。昼食は、地域のボランティアグループ「こども自然塾」がつくってくれた「竹めし」とイノシシ汁、「うまい！」が連呼された。

原鶴温泉近くを行くEボート

（6）子どもから高齢者まで、誰もが（everybody）簡単に（easy）操作できる一〇人乗りの手漕ぎボートのこと。楽しく（enjoy）水辺の素晴らしさを体験（experience）できる。「E」の文字には、Exchange（交流）のほか、Eco-Life（環境に優しい生活）、Environment（環境）、Enjoyment（楽しみ）、Earth（地球）、Education（教育）の意味が込められている。

その後、徒歩とサイクリングで中流域を走破し、久留米まで戻っている。夜は「くるめウス」で「筑後川大学」の講義を受けたあと、商店街にある「KUHON ちくご川まるごと市 Cafe」での交流会となった。毎日行われる交流会、早い話が「飲み会」である。お酒の量とともに饒舌になる。

この夜、泊まったのは筑後川に浮かぶ「おかむら丸」の船上である。もちろん特別に泊まらせてもらったわけだが、寝袋での雑魚寝、これもまた楽しい。川の流れにあわせて揺れる船上は、揺りかごのようで心地よかった。

ゴールは有明海——久留米から大川までのクルージング（五日目）

目覚めると、うっすらと霧がかかっていた。雲間から朝日が差し込み、耳納《みのう》連山が逆さ富士のように川面に映り輝いている。船上での朝だ。「くるめウス」から河口の有明海（約三〇キロ）まで、野鳥観察をしながら「おかむら丸」でクルージングを楽しむ。

世界有数の干満の差（六メートル）を誇る有明海は、ちょうど海苔漁の最盛期を迎えていた。筑後川からミネラル豊富な栄養塩が流れ込むという恵み豊かな漁場で、有明海独特の味でおいしい海苔がつくられてい

地元の方々と清掃活動

有明海クルーズの「おかむら丸」

る。海苔漁場を見学したあとタコ釣りを体験させてもらい、筑後川と有明海の恵みを満喫した。

旅の終わりは大川市の昇開橋温泉で汗を流し、解散交流会を行った。その席上、筑後川一四三キロ全コースを踏破した二名に認定書が贈られた。

ダイジェストな紹介だが、筑後川の雰囲気を分かっていただけたであろうか。第４章以降で各エリアを詳しく紹介していくが、行く先々に自然と温泉があり、一四三キロにわたるどの地域に行っても楽しむことができるだけの環境がこの川にはある。

本書では、各流域の自然環境や歴史・文化、そしてそこに暮らす人々の生活風景などを詳しく紹介していくことになるわけだが、その目的は一つ、九州以外に住んでいる方々にも筑後川の素晴らしさを知ってもらい、体感していただくことである。

また、本書を読み進むことで、その自然環境を守ってきた先人の凄さも垣間見ることになるだろう。それは、筑後川の恩恵を長きにわたって受けていたことの証しともなる。われわれは、そんな筑後

筑後川河口付近にある昇開橋

川全流域を「博物館」として捉え、全国に訴えることを目的として「筑後川まるごと博物館」という組織を立ち上げた。できるだけ多くの方々に読んでもらうため、多くの写真を掲載しながら、流域を紹介させていただくことにする。

第2章

筑後川流域の概要と水害・水利用の歴史

高山《こうやま》からの展望（福岡県朝倉市）

1 流域および河川の概要

全体像——川の名称

筑後川は、その源を熊本県阿蘇郡瀬の本高原に発し、高峻な山岳地帯を流下して、日田市において九重《くじゅう》連山から流れ下ってくる玖珠川《くすがわ》に合流する。夜明峡谷《よあけきょうこく》を下って筑後平野に下りると、佐田川、小石原川、巨瀬川、宝満川などといった多くの支川を合わせて肥沃な筑紫平野を貫流し、昇開橋で早津江川《はやつえがわ》を分派して有明海に注ぐ筑後川、幹線流路延長一四三キロ、流域面積二八六〇平方キロメートルの九州最大の一級河川である。

筑後川の流域は、熊本県、大分県、福岡県、佐賀県の四県にまたがり、上流域には日田市、中流域には久留米市と鳥栖市、下流域には大川市と佐賀市などの主要都市をはじめとして、一八市一二町一村からなり、流域内人口は約一一〇万人となっている。

筑後川は、「坂東太郎（利根川）」、「四国三郎（吉野川）」と並んで「筑

九重連山

紫次郎」と呼ばれる国内有数の河川で、「千歳川」や「筑間川」などの別名のほか、過去幾重にも発生した水害時の暴れ川ぶりから「一夜川」とも呼ばれていた。

川の歴史

筑後川流域での古代人の生活様式を間近に見られる所がある。その支流である田手川と城原川に挟まれた所に位置する「吉野ヶ里《よしのがり》遺跡」(1)である。一九八六年からの発掘調査によって発見され、現在は「国営吉野ヶ里歴史公園」（五〇ヘクタール）の一部となっている。ここは、弥生時代における全国最大規模の環濠集落跡で、流域の恵まれた環境を示すとともに、古代日本人の川とのかかわりの様子を見ることができる。

筑後川は、古くから農地を潤す水源として活用されてきたわけだが、ひとたび雨が降ると大きな水害をもたらす危険な存在でもあった。それゆえ、流域住民は河川周辺に住むには危険が伴った。本格的に川の恩恵を受けるようになったのは、社会が落ち着きを見せるようになった江戸時代からのことである。

吉野ヶ里遺跡

（1）〒八四二―〇〇三五　佐賀県神埼郡吉野ヶ里町田手一八四三　電話：〇九五二―五五―九三三三

藩政時代には、治水対策として瀬の下（久留米市西部）の開削が一六〇一年から行われたほか、一二年の歳月をかけて千栗《ちりく》堤防（佐賀県みやき町）が一六三四年に完成している。また、荒籠《あらこ》および水刎《みずはね》(2)といったものも築造されている。

一方、朝倉市を流れる佐田川においては、輪中堤《わじゅうてい》や霞堤《かすみてい》が築造された。輪中堤とは、ある特定の区域を洪水の氾濫から守るために、その周囲を囲むように造られた堤防のことである。そして霞堤とは、堤防のある区間に開口部を設けて、上流側の堤防と下流側の堤防が二重になるようにした不連続な堤防である。

洪水時には開口部から水が逆流して堤内地に湛水し、下流に流れる流量を減少させる。そして、洪水が終わると堤内地に湛水した水

コラム・荒籠《あらこ》

荒籠とは、堤防から川中に向けて石垣を築き出したもので、筑後川のこのあたりに多く見られる。荒籠がいつごろから造られるようになったのかははっきりしないが、江戸中期には久留米市小森野から若津までの 22 km に 290 か所近くも築かれている。著名な荒籠として、久留米藩の百間荒籠（大川市道海島）、柳河藩の永松荒籠（柳川市八ッ家地先）、佐賀藩の千間荒籠（佐賀県大詫間）などが挙げられる。特に、道海島の百間荒籠は、1656 年の建設当時、全長 200 間（約 560 m）あったと言われる。荒籠は陸への昇降場というだけでなく、護岸、川床の浚渫洪水防止干潟の造成などの目的で築かれたようである。

井戸を掘っても水質が悪く、飲料水として適しないこの地域では、飲料水の汲みあげ場として各家が利用してきた。しかし、荒籠を築くと、そのはね返った水が対岸を削ることもあり、佐賀藩、久留米藩領、柳河藩領が川を隔てて相対している。また、大川の地域では、荒籠の新設や改修となると相対する藩や村同士の荒籠騒動が起こったとも言われている。（大川市教育委員会の資料を参照して改変）

を排水する構造になっている。霞堤の歴史は古く、その考案者は武田信玄（一五二一～一五七三）だと言われている。

利水対策としては、中流域（うきは市）において、五人の庄屋の発願よって左岸に開削された大石堰をはじめとして、山田堰、恵利堰などといった大規模な取水堰と用水路が江戸時代に築造された。現在も、その歴史的構造物を見ることができるので、流域散歩をおすすめしたい（第５章を参照）。

河川の特性

筑後川は昔から大きな水害を数多く引き起こし、流域で生活する人たちを苦しめてきた。川の上流が日本でも有数の火山帯地域であるため、大量の砂礫を川が運んで河床が高くなったこと、そして有明海が筑後川河口で大きな入り江となっているため、その干満の影響（最大六メートル）が上流（久留米市北野町付近）までにも及び、円滑な水の流れを妨げてきたことが理由として考えられる。

（２）　水の流れを制御するために、河川や海岸に設置された工作物のこと。

山頂から見る大石堰

また、その勾配も全国の河川と同様に急峻で、最大流量と最小流量の対比である「河状係数」も大きい。しかも、流域における水の利用量は年総流出量の平均をはるかに上回っており、全国的に見ても河川管理の難しい河川と言える。三つの流域に分けて、簡単に現在の状況を説明しておこう。

上流域――大分県夜明地点（夜明ダム）から上流の上流域では、日田市地点で大きく玖珠川《くすがわ》と大山川（筑後川本川）に分かれる。大山川は国の直轄管理河川であり、熊本県との境に松原ダムと下筌《しもうけ》ダムがあり、本川の流量コントロールを行う重要な機能を果たしている。

一方、玖珠川は大分県管理の河川であるが、川沿いに多くの温泉地を有し、ダムではないが導水による水力発電が盛んである。水力、発電、温泉、ダムというのが、上流の特徴であると言える。

中流域――夜明ダムから筑後大堰（久留米市）までの中流域では、昔からもっとも水害による被害の大きかった地域である。とはいえ、筑後川の豊かな恵みのもと、米や野菜の一大産地として耕作地が広がっている。また、久留米市を中心にゴム産業が発展し、豊かな水

筑後大堰

量を活かした中核都市を形成している。

下流域——筑後大堰から感潮《かんちょう》区間の下流域では有明海の干満影響を強く受けるため、軟弱な地盤と独特の水利用が特徴的な地域となっている。現在でも多くのクリークを残し、佐賀県と福岡県の大穀倉地となっているが、近年の大規模な灌漑事業によってその姿も変わりつつある。また近年、有明海における海苔養殖が盛んになったため筑後川の流量が見直されるとともに、独特の生態系を有している有明海の環境保全のため、環境用水の必要性がクローズアップされている。

2　流域の自然

地形

上流域の地形は火山噴出物と溶岩でできた山地となっており、そこに、火山性の高原と玖珠盆地、日田盆地、小国盆地が形成されている。一方、中・下流域は、北は朝倉山地と脊振《せぶり》山地、南は耳納《みのう》山地によって流域を画し、その間に沖積作用によってできた広大な筑紫平野がある。さらに下流域は、前述したように、最大干満差が約六メートルに及ぶ有明海の影響を受け、

有明海の干潟

この地方特有の軟弱な有明粘土が厚く堆積し、藩政時代から現在まで「一〇〇年一キロ」と言われる速さで築造されてきた干拓地が広がっている。

気候

筑後川流域は「西九州内陸型気候区」にあり、夏は暑く、冬は平地のわりには寒く、昼夜の気温差が大きいことが特徴となっている。年平均気温は一五〜一六度、流域の平均年降水量は約二一四〇ミリ（全国の平均降水量一五六〇ミリの約一・四倍）で、その約四割が六月から七月上旬にかけての梅雨期に集中している。これに台風の発生時期である九月までを合わせた四か月間の降水量が、年間降水量の約六割を占めている。

なかでも上流域は多雨地帯となっており、年間降水量が三〇〇〇ミリを超える所もある。流域の降雨特性として、支川である玖珠《くす》川の上流域よりも筑後川本川の上流域（大山川）の降水量が多く、中流域では、朝倉山地および南部の耳納《みのう》山地の降水量が多いという傾向がある。

自然環境と生物

上流部の河岸には、ツルヨシ群落、ネコヤナギなどのヤナギ、アラカシなどの高木林が見られる。礫河床の流水域にはオイカワ、カワムツなどが生息し、砂礫河床の早瀬にはアユ、水際の抽水・沈水植物生育地にはオヤニラミなどが生息している。また、水のきれいな砂礫地を好むゲンジボタル、カジカガエル、サワガニなども生息しており、渓流にはカワガラス、ヤマセミなどが生息している。

　夜明峡谷から筑後大堰までの中流部では、瀬、淵、ワンド、河原などがあり、多様な動植物が生息・生育環境となっている。水際にはエビモ、ヤナギモなどの沈水植物、低水敷には九州北部ではあまり見られないセイタカヨシ群落も分布する。

　一方、河川には、流水域を好むオイカワ、緩流域を好むウグイ、フナ類などが生息し、早瀬はアユの産卵場となっている。また、水際の抽水・沈水植物生育地にはオヤニラミ、キイロカゲロウなどが生息しているほか、陸域では、カワセミ、河原で繁殖するコアジサシ、ツバメチドリなどの鳥類、オギなどの高水敷のイネ科植物に巣をつくるカヤネズミなどの哺乳類が生息している。

　筑後大堰より河口までの下流部は、前述したように二三キロにも及ぶ区間が感潮域となっており、河口を中心に干潟が形成されている。水際にはヨシ原が広がり、アイアシなどの塩生植物群落が分布し、エツ、アリアケヒメシラウオなどが生息している。また、干潟にはムツゴロウ、シオマネキ、ハラグクレチクゴガニなどが生息し、シギ・チドリ類などの餌場や休息場などとなっている。そして、高水敷《こうすいじき》には、カササギやヨシ原に営巣するオオヨシキリなどの鳥類が生息している。

自然景観

　筑後川の流域は、周囲の山々が調和して清涼な自然景観となって人々を楽しませてくれる。情緒感豊かな河川景観は、観光資源としても活かされている。

流域の一部は、阿蘇九重国立公園、耶馬日田英彦山国定公園などの自然公園にも指定されており、杖立《つえたて》・黒川・天ヶ瀬温泉をはじめとして多くの温泉が点在している。また、中流部には筑後川温泉や原鶴《はらづる》温泉などがあり、鵜飼も行われているので十分に楽しむことができる。

3 流域の社会状況

土地利用

筑後川流域は山林が約五六パーセント、農地が約二一パーセント、宅地などの市街地が約二三パーセントという割合になっている。言うまでもなく近年は、久留米市、鳥栖市、日田市のほか、下流域北部の福岡都市圏に近い地区において都市化・宅地化が顕著になっている。下流域は、有明海の干拓によって開発されたエリアが多い（**コラム**参照）。

コラム・有明海干拓の歴史

筑後川下流域の佐賀県側（佐賀藩）には「籠《こもり》」「搦《からみ》」の地名が、そして福岡県側（柳川藩など）には「開《ひらき》」などといった地名にその歴史が残されている。

「籠」は寛文年間（1640年～1665年）の干拓地で、竹で編んだ円筒形のカゴに土や石を入れたものを並べて、堤防を築きながら新地開発を行ってきたことから生まれた言葉で、「搦」より年代が古い。

「搦」とは、縄が木に絡みつくという意味である。堤防予定地に松丸太の杭を打ち込み、粗朶や竹などを絡みつけて、ガタ土が付着して堆積するのを待ち、茅や葦が生えて地盤が高くなった時点で突き固めて堤防を築いたと言われている。そして「開」は、開拓、開墾、開発を意味しているものと言われている。

流域の産業経済

上流域の主な産業は、日田市や小国町などを中心とした林業と、各地の温泉を核とした観光産業である。前述したように、黒川温泉、杖立温泉、日田温泉、天ヶ瀬温泉といった有名な温泉地が川沿いに立地しており、屋形船、観光鵜飼い、アユ釣り、花火大会などが観光資源の一翼を担っている。

中・下流域では広大な農地を利用した農業が営まれており、耳納《みのう》連山や朝倉山麓では果樹栽培も盛んである。筑後川の水は、久留米市や佐賀市をはじめとして、流域内外の約五万三〇〇〇ヘクタールに及ぶ耕地の灌漑に利用されており、筑後川に水を依存する市町村の農業生産額は福岡県内の約四五パーセント、佐賀県内の約二八パーセントにまで及んでいる。

また、上・中流域ではアユ漁、下流域ではエツ漁などが営まれているほか、筑後川が流れ込む有明海の海苔養殖は全国的にも有名で、福岡県と佐賀県の海苔生産量は全国の約三割にまで及んでいる。さらに、久留米市周辺ではゴム工業が、大川市周辺では木工業が営まれ、これらの産業も全国的に有名である。

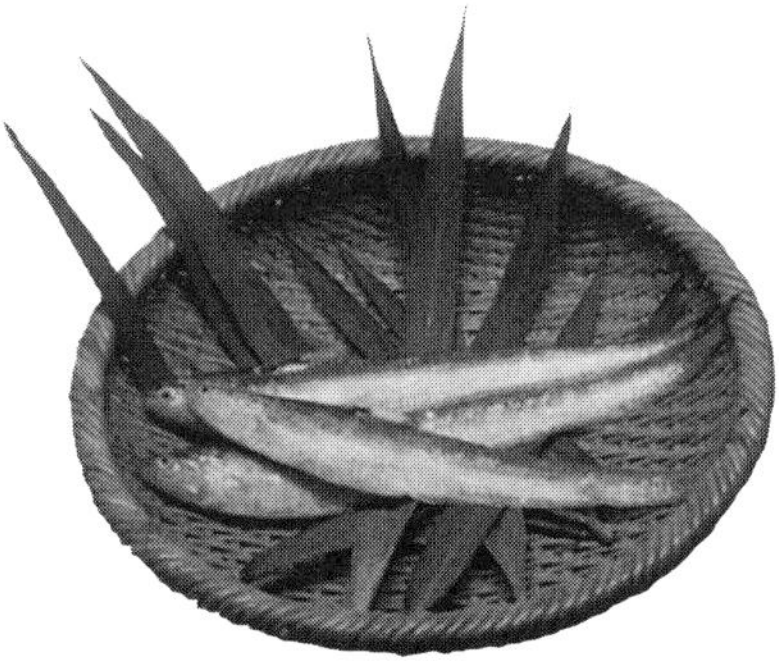

エツ

エツ漁の様子

ちなみにエツとは、ニシン目カタクチイワシ科の魚で、大きいもので四〇センチほどに成長する。主に汽水域に生息しており、筑後川上流の筑後大堰まで遡上して産卵を行う。筑後川に生息する魚として名物となっているが、希少なためエツ漁は短く、漁が行われるのは例年五月一日~七月二〇日までとなっている。なお、筑後川の水は生活用水としても広域に供給されており、その給水人口は約三一〇万人に上ると言われている。

流域の交通網（現代）

九州における交通網は、南北線（縦断線）と東西線（横断線）が中心軸を成している。それらが交差している所が筑後川流域であり、九州地方の人流と物流の要衝となっている。

鉄道は、北九州、福岡から熊本、鹿児島へ至る九州新幹線およびJR鹿児島本線が下流域を南北に縦断しており、久留米から東へ、流域のほぼ中央部を横断して大分に至るJR久大本線が走っている。また、西鉄大牟田線がJR鹿児島本線と平行しながら流域を北部に縦断して福岡と久留米・大牟田を結んでおり、福岡都市圏と筑後川流域との人流に大きく貢献している。この線の「宮の陣駅」からは甘木線《あまぎせん》が分岐しており、久留米と甘木を結ぶ通勤・通学の足となっている。

一方、道路については、JR鹿児島本線および西鉄大牟田線と平行して九州の大動脈である九州自動車道が流域を縦貫している。鳥栖ジャンクションでは九州横断自動車道と交差しており、まさに道路交通の拠点となっている。

コラム・舟運の歴史―― 62か所もあった「渡し」

陸上交通が不便な時代、物流や交通の手段として舟運が盛んであった。江戸時代から昭和の時代にかけては、日田の木材を筏に組んで大川へ運び、木工産業を育んできた。また、筑後川を渡る交通手段として 62 か所の「渡し」が存在していた。

しかし、物流や交通手段の変化とともに筑後川の舟運の役割は薄れ、1994 年には、「下田の渡し」を最後にすべての渡しが役目を終えた。最近では、久留米市や大川市などで、観光振興や地域活性化を目的として舟運再生に向けた機運が高まっている。

1 三軒屋の渡し
2 大詫間の渡し
3 上新田の渡し
4 早津江の渡し
5 上野の渡し
6 若津の渡し
7 中の渡し
8 大中島の渡し
9 新地の渡し
10 鐘ケ江の渡し
11 道海島西渡し
12 黒津の渡し
13 浮島の渡し
14 江島の渡し
15 六五郎の渡し
16 下田の渡し
17 小鳥の渡し
18 草場の渡し
19 黒田の渡し
20 浜田の渡し
21 天建寺の渡し
22 住吉の渡し
23 江口の渡し
24 大島の渡し
25 大石の渡し
26 古川の渡し
27 瀬の下の渡し
28 京町京便渡し
29 洗切の渡し
30 下野の渡し
31 新浜の渡し
32 宮ノ陣の渡し
33 大社の渡し
34 神代の渡し
35 古北の渡し
36 飯田の渡し
37 大城の渡し
38 高島の渡し
39 片ノ瀬の渡し
40 鳥飼の渡し
41 床島の渡し
42 恵利の渡し
43 虚空蔵の渡し
44 行徳の渡し
45 上寺の渡し
46 田中の渡し
47 今泉の渡し
48 高田の渡し
49 橘田の渡し
50 志波の渡し
51 原鶴の渡し
52 古川の渡し
53 池田の渡し
54 長瀬の渡し
55 荒瀬の渡し
56 袋野の渡し
57 杷木山の渡し
58 長谷の渡し
59 筏場の渡し
60 津辻の渡し
61 入江の渡し
62 石井の渡し

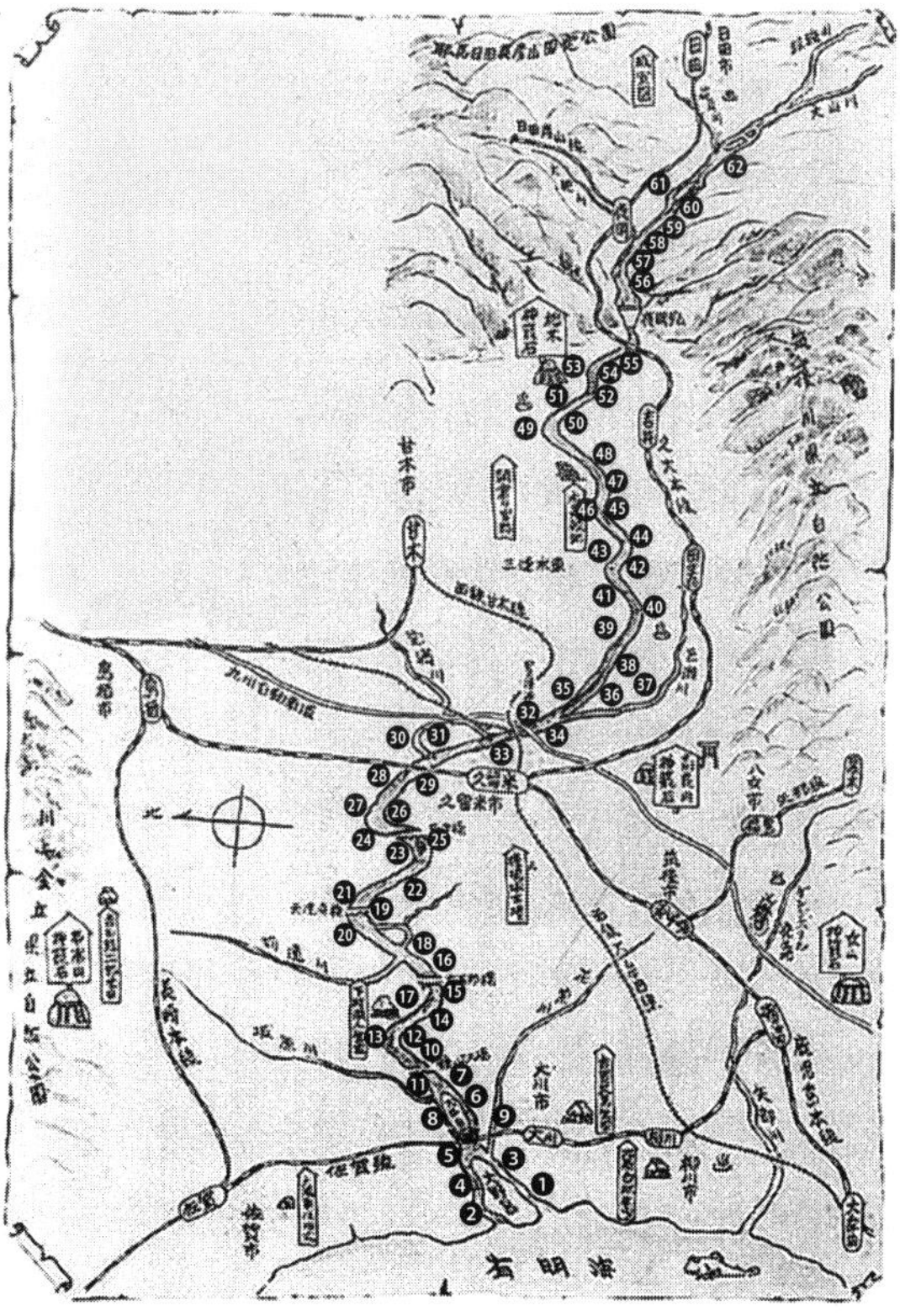

図２－１
「渡し」の位置を
表す絵図

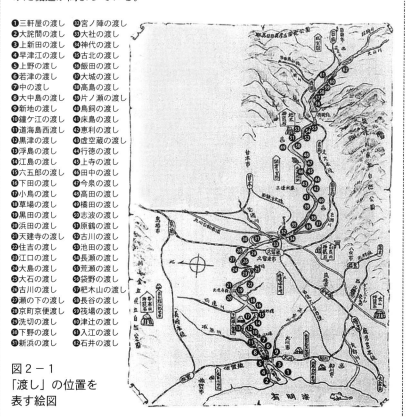

4 水害の歴史

(1) 過去の洪水の概要

筑後川流域の年平均降水量は約二一四〇ミリであり、大規模な洪水は六月〜七月上旬にかけての梅雨期にほとんどが発生している。このため、降雨は短時間に終わるものは少なく、三〜六日間にわたる場合が多い。時として、一週間以上降り続くこともある。言うまでもなく、梅雨期の長雨で流域が飽和状態になったところに短時間の豪雨があると大洪水になる。

筑後川の歴史は、洪水と治水の歴史であると言える。明治以前において、史実に残っている一番古い洪水は八〇六(大同元)年で、「大宰府管内で水干、悪疫、田園荒廃のため、筑後の国一ヶ年田租を免ぜられる」とある。一五七三(天正元)年から一八八九(明治二二)年までの三一七年間には一八三回にも上る洪水の記録があり、概ね二年に一回の割合で洪水が発生している。筑後川流域で、いかに民衆が洪水に悩まされていたかを示している。

しかし、江戸時代においては、流域を悩ましたのは洪水だけではなかった。

久留米藩の初代有馬玄播守豊氏(一五六九〜一六四二)は、丹波福知山八万石から久留米二一万石に加増転封されたので、陣用を整える必要から財政的には苦しかったと言える。それに、島原の乱(一六三七年～一六三八年）への出兵などが追い打ちをかけた。それが理由で農民に対する税の取り立てが苛酷となり、その不満が一揆となって爆発した。

享保・宝暦・天保の一揆が知られているわけだが、そのなかでも「宝暦の一揆」（一七五四年）は参加者が一〇万人にも及んでいる。七代頼僮《よりゆき》のときである。頼僮は和算の大家として有名であるが、藩主としては落第であったと言えるかもしれない。

さて、それ以後もたびたび洪水が発生している。一八八九（明治二二）年、一九二一（大正一〇）年および一九五三（昭和二八）年の洪水は「筑後川三大洪水」と呼ばれており、筑後川の全域にわたって大きな被害をもたらした。一八八九年七月の佐賀新聞は次のように報じ、その規模の大きさが想像に絶するものであったことを伝えている。

——小高き山に上り見渡せば、久留米瀬の下より千歳川（筑後川の古名）を交えて此の方は森梢家等のみ漸く見えたるも他は漫々たる洪水の漲れるのみ、其の幅五里長さ一〇里以上に奔流せり。

次項では、筑後川における水害の歴史を論じるにおいて欠かすことのできない大災害、つまり一九五三（昭和二八）年に起こった大水害について説明をしていきたい。西日本一帯に大被害をもたらしたこの大水害は、当時、被害が大きかった九州中北部では「西日本大水害」とも呼ばれていた。

（2）昭和二八年筑後川大水害の記憶

昭和二八年の大水害について、まず概要を簡単に説明しておこう。

この年の梅雨は、五月下旬から七月二〇日頃まで長期間続き、平年の四～五倍の降雨量を記録した。とくに六月二五日の朝から激しく降りはじめた雨は、二六日にかけて三〇〇ミリ前後の集中豪雨となった。筑後川源流の小国地域では、六月二一日から三〇日までに一〇〇〇ミリを超え、中・下流域でも五〇〇～七〇〇ミリに達した。

久留米市内では、二六日午前五時過ぎに瀬ノ下町で水位が九メートルを超え、合川町市ノ上堤防、つまり現在、筑後川防災施設「くるめウス」が建っている付近の堤防が決壊し、当時の久留米市の八〇パーセントが泥海と化した。夜明《よあけ》ダムの下流だけでも二六か所で破堤し、筑後川右岸の朝倉堤防（朝羽大橋上流部分）の破堤は約六〇〇メートルに及び、「日本最大級の破堤」と呼ばれた。

このように、朝倉甘木《あさくらあまぎ》地方を含む筑後平野一帯は大被害を被ったわけだが、この洪水による筑後川流域内の被害は、死者数一四七人、負傷者四九九九人、流出全半壊家屋約一万二八〇〇戸、床上浸水家屋約四万九二〇〇戸、床下浸水家屋約四万六二〇〇戸、被災者数約五四万人にも及ぶ甚大なものとなった。

概要を記したわけだが、文字で読んでもこの大水害の被害は早々伝わるものではない。そこでわれわれは、流域で生活する住民の立場から「昭和二八年筑後川大水害を伝える会」（以下、伝える会）を二〇〇三（平成一五）年に初めて開催し、それ以降、継続的にさまざまな活動を続けている。その活動目的は以下のようになっている。

❶昭和二八年に大水害があったことをまず知っていただく。

❷体験者の証言などから得られる教訓を現代に活かす。

❸若い世代へこの記憶をつなぎ、いつでも起こりうる災害への備えを怠らないようにして、減災につなげる。

これらの活動目的は、「昭和二八年筑後川大水害」を体験された人はすでに七〇歳後半以上の高齢となっており、災害の記憶が次第に忘れ去られようとしている。その記憶が風化しないうちに、次世代へ伝えていく必要があると考えてのことである。また、当時の写真が残っていても、場所や状況が不確かな場合が多い。そのため、体験者がまだ健在なうちに、それらを確定する必要があるとも考えている。

大水害を伝える活動のはじまり

二〇〇三年六月、「昭和二八年筑後川大水害」の五〇周年に当たるこの年、筑後川と高良川の合流点に筑後川防災施設「く

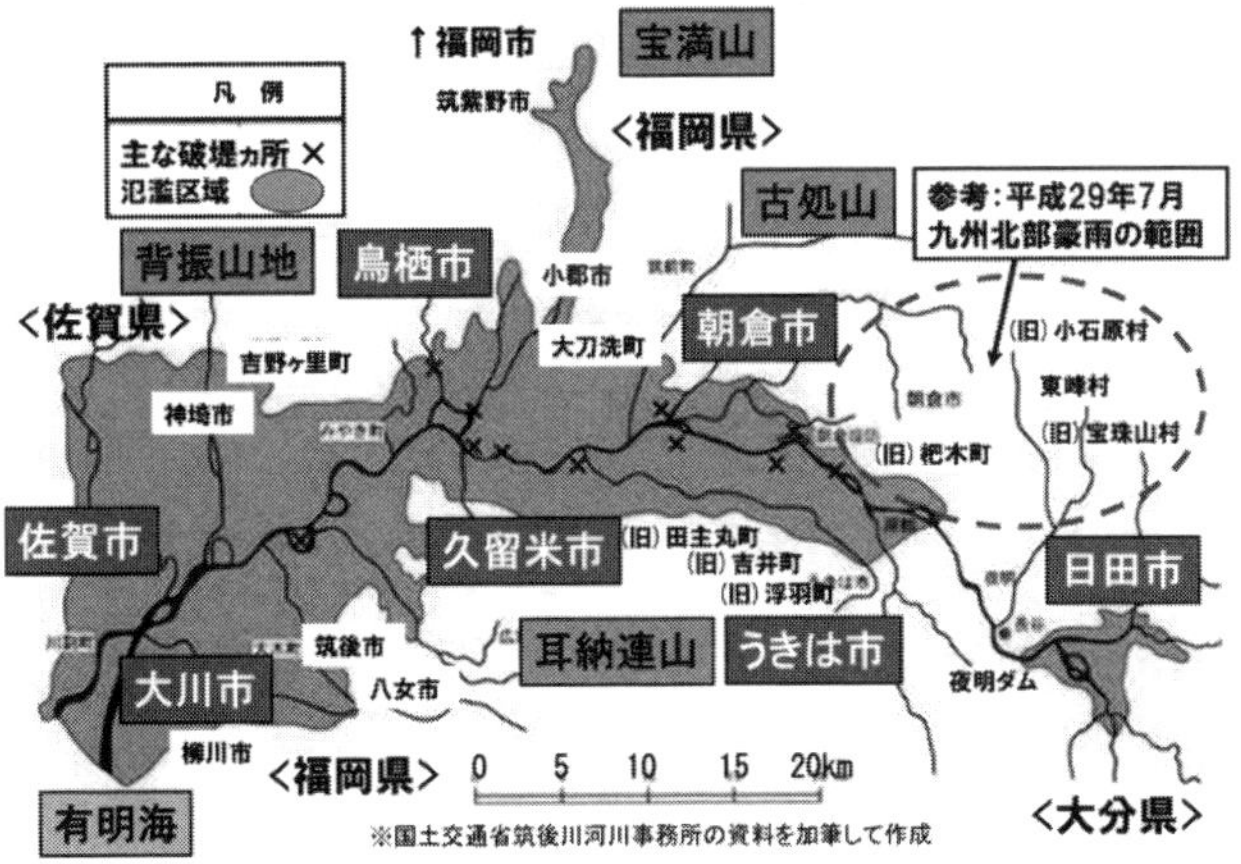

図２－２　昭和 28 年筑後川大水害の氾濫区域

るめウス」(第1章参照)が開館した。その開館イベントとして、九州大学付属図書館が所蔵している写真を借り受けて、「昭和二八年筑後川大水害写真展」を「NPO法人筑後川流域連携倶楽部」とともに開催した。

これが切っ掛けとなって、一般の方から集めた大水害の写真を加えてさらに充実させ、現在、体験者による証言発表会を同時に行うといった活動につながっている。さらに二〇一六年からは、国土交通省、筑後川河川事務所の支援を受けて「くるめウス」での開催以外に、年二回、流域各地への出張写真展や証言発表会、あわせて子どもを対象とした防災教室なども行っている。

二〇〇三年からの一五年間に「くるめウス」で開催した企画展や常設展示、九州国立博物館での企画展、そして流域内外での出張展示などにおいて、これまでに延べ一〇万人以上にも上る観覧者がいる。毎回、当時のことを覚えている高齢者が多数足を運び、六五年前の街や村、故郷の風景や人々の姿などに想いをめぐらせている。

一枚の写真を前にして、見知らぬ者同士で体験を語り合ったり、三世代の家族が当時の話を語り伝えたり、近所同士、同窓会や老人会といったグループで来場されたりと、これまでにこの写真展ではさまざまな交流が生まれた。普段であれば語ることのない悲惨な思い出も、写真を前にしてみんなで語れば、懐かしい貧しいころの日本、ふる里のよい思い出として、郷愁に浸っているように見受けられる。

写真展では、できるだけ来場者の声を集めようと、各写真に関する情報を付せん紙に記入してもらい、貼っていただくことを奨励している。もちろん、写真を見ている体験者に聞き込み調査も行っている。このような活動によって、写真の解説文の間違いや不明だった状況と場所が分かったり、写真に写っている人物を特定することもできた。

言うまでもなく、数々の興味深いエピソードなども記録することができている。感想ノートに体験談を書いていただいたことで、多数の貴重な証言や感想を収集することができた。そのなかには、水害後の復興にかける人々の姿に対する感動、今を生きる私たちの川への想いなどが綴られているほか、写真展を開催し、これらの写真を世に示したことへの感謝の言葉までが記されている。

そういえば、当時の写真をアルバムごと持参したり、関連資料を持ち込まれた人もいた。これらのおかげで、「伝える会」だけでは成し得ない多くの発見があったと言える。

余談だが、写真展などの開催において我々が一番感じるのは、体験者自らの記憶や体験をこのまま埋もれさせたくないという思いである。会場にいて、それらがひしひしと伝わってくる。

体験者による証言発表会の実施とその効果

前述したように、「昭和二八年筑後川大水害」は梅雨期に起こっている。そこで、毎年この時期に、体験者による証言発表会を二〇〇四（平成一六）年から「くるめウス」で開催することにした。体験者であり、証言発表をしていただける人を事前に募集して、毎年一〇人程度の発表者に語っていただく熱気あふれる会となっている。

昭和 28 年筑後川大水害写真展
（久留米市、筑後川防災施設くるめウス）

高齢の体験者にとっては、自分の記憶を伝えることで家族や友人たちとその体験を共有するほか、一大決心をして、悲惨な記憶による心のつかえを開放する場ともなっているようだ。

体験談を聞いたあと、最後にまぼろしのレコード「災害派遣の歌」を参加者みんなで唱和することが恒例となっている。この歌に涙する人がいるほど、参加者の多くが感激している。この「災害派遣の歌」は、二〇一四年に行った証言発表会に、元自衛隊員の人が持ち込んだものである。災害派遣に赴いた自らの体験を詞に表し、自衛隊中央音楽隊が作曲をした。

実はこの歌、一九六〇(昭和三五)年にレコード化され、陸上自衛隊の行進歌となっていた。全国の隊に配布され、かつては朝礼の前に必ず音楽が流されたそうだが、今は忘れ去られた存在となり、そのうちの一枚が証言会で再発見となったわけである。

その歌詞には、被災地の様子がまざまざと描かれている。「近くに遠くに鐘鳴りて、危難を叫ぶ人の声」「うしをの如き濁流に、橋は流され道は消ゆ」「此の時われに命ありて、人命救助に奮い立つ」「暗闇ついて濁流と、たたかいながらボート行く」などとあり、当時二四歳であった作詞者は、「流木に先を阻まれ苦労した。人を助けなければ、との思いで怖くはなかった」と語っている。

長年にわたって証言会を開催していると、このような思わぬ発見

大水害体験者による証言発表会
（久留米市、筑後川防災施設くるめウス）

がしばしばある。ある意味、これらが「伝える会」のモチベーションとなっているのかもしれない。以下では、これら体験者の証言をもとに、筑後川の流れに沿って上流から下流まで、水害の様子を写真とともに紹介していくことにする。

①日田市大釣地区（中の島）での体験（上流・当時一一歳男性）

――六月下旬、筑後川の源流域に降った大量の雨は山地を流れ下り流木と共に日田盆地を襲いました。

私は当時小学校六年生でした。あの大水害はすべて、脳裏に焼き付いています。私の住居は今の朝霧の館（筑後川河川事務所日田出張所）から五〇メートル下がった所に家がありました。六月二六日前夜から激しい雨が降り、朝方になる程大雨が続き、大釣（中ノ島町）約五〇戸全員が町内の中央にあるお宮に避難しました。

お宮に避難途中、道路に水は流れていませんでしたが、ひざ上まで足が土中に埋まり、やっとの思いでお宮に着きました。お宮には、全員が避難した為、すしずめ状態で身動きできませんでした。

雨の降り方は、棒状で降っていました。水かさはどんどん増し、お宮の土間コンクリートまで迫っていました。外には牛馬が激しい雨に打たれながら繋がれていました。その時男の人が、堤防が切れたと大きな声で言ったので、一斉に悲鳴が上がり、親達は幼子を一斉におんぶしました。

私もこの時、流され死ぬと思いました。人と人の隙間から外を見ると、家の屋根にまたがった人が「助けてくれ～」と叫びながら、激しい瀬にのまれ家もろともその姿は濁流に消えていってしまいました。まだまだ書きたい事はたくさんありますが、とにかく一番良かったのは大釣地区の住民に死者が出ず、全員助かった事が大変幸いでした。
（筆者補足・住民が避難した神社は今も現存する。こんな狭い場所によく避難できたな、と思うような場所だ。ほかの人の話だが、水害の少し前に夜明ダムの補償で避難所ができたばかりだ、と言っていた。）

②朝倉郡杷木町の昭和橋右岸（現朝倉市）での体験（中流・当時一六歳男性）

――日田市街地を襲った濁流は、製材所の大量の材木を流し、夜明ダムを破壊して下流を襲いました。

私は当時高校一年生でした。筑後川沿いに道路があり、そこが杷木町中心商店街で自宅は昭和橋すぐそばでした。二六日の朝、八時過ぎに家を出て、学校まで川沿いの道を一キロ程歩いて行きました。学校は休校になったので帰ろうとしたら、運動場はすでに膝下ぐらいまで水があがってきていました。

帰りはこの街並みを通りましたが、その時は膝上まで水が来ていました。自宅は他の所より少し高いところにあるので水は床下までしか来ていませんでしたが、商店街は川のようにあふれ、道路にはフナだとかハヤなどの小魚がいっぱい流れてきていました。

家に帰り着いた後、川の様子を見に行くと昭和橋の上を川の水が越えようとしていました。対岸の浮羽

濁流に破壊される工事中の夜明ダム
（現在の大分県日田市）

町古川には筑後川沿いに大きな楠木があったのですが、濁流にのみこまれて流されていきました。濁流の中を牛が浮き沈みしながら「モーモー」と悲鳴をあげ流れていくのを目撃しました。もう少し増水すれば町全体がやられるのではないかと不安に思いました。

母は逃げる用意を懸命にしていました。しばらくすると下流の原鶴や朝倉の方が決壊したらしく、だんだん水が引いていきました。お昼頃、学校近くを見に行くと道路沿いの街並みは完全に流れてなくなっていました。昭和橋を渡って対岸の浮羽町古川は全滅。寿橋も流されました。夜明けダムがちょうど工事中で、そこが壊れて夜明けダムの水がいきなり流れてきたので大きな被害になったと大人たちが話していました。

昭和橋五〇〇メートル上流側に、映画館や銀行がありましたがそこも水没しました。悪夢を見ているような一日でした。後に、原鶴温泉街は全滅したことを知りました。近くにあった原鶴中学校も大量の流木で大変な被害を受けました。水害後、原鶴中学校の復旧作業に行った暑い日々を思い出します。

濁流に洗われる昭和橋
（現在の福岡県朝倉市）

③久留米市内から三井郡田主丸町（旧）までの体験（中流・当時一六歳男性）

――筑後平野を襲った濁流は、大堰や橋を破壊、本川堤防の決壊も各地で発生、平野は水没しました。

当時、久留米商業高校一年生でした。六月二六日午前一〇時頃、校長から「市役所の方から連絡があったから早く帰りなさい」との話があり、「雨なんか降るもんか」と思い、市内中心部の六ツ門に映画を三人で見に行きました。それが間違いの始まりでした。

大勝館という映画館での話です。今でも絶対忘れません。館内は停電でチカチカしていました。「送電ができなくなったので上映できません」というアナウンスがあったので、映画の途中で外へ出たところ、道の脇の側溝からどっと水が溢れていました。誰かが「宮の陣の堤防が切れたぞー！」との声が聞こえ、すでに旭屋デパート付近は一階の半分まで水に浸かっていました。

自宅のある郊外の田主丸町まで帰ろうと国鉄久留米駅まで腰まで水に浸かりながら歩きました。国鉄駅まで行ったらここは人であふれており「久大線は通りよらんち。」とのことでした。田主丸の私の家までの交通手段はこれでなくなりました。自宅は筑後川から二キロしか離れていないのでとても心配でした。仕方ないので護国神社近くの親戚の家に行って、一晩泊めてもらいました。にぎり飯をふるまってくれ、替えの下着まで用意してくれてとても親切にしてもらいました。当時は人と人とが

決壊直前の市の上堤防
（福岡県久留米市）

助け合うのは当たり前でした。

翌日、日の出と同時に、南久留米駅まで行き、久大線沿いに歩いて田主丸まで帰っていきました。途中、電信柱の上の方のガイシの所に、にわとりや子ぶたが引っ掛かっていました。自宅は床下浸水で済みましたが、泥のかき出しが大変でした。

帰り着くと、「どこに行っとったか！」と父に怒られました。ずいぶん心配をかけたようでした。筑後川には上流から大量の材木が流れついて、宮の陣橋を破壊して引っ掛かっていました。私たちは力が有り余っていたから三〇～四〇本拾いました。あとで警察の人が無印の材木は拾得物だと大人に言っていたのを覚えています。

④三井郡宮ノ陣村（現久留米市）での体験（中流・当時一八歳女性）
――久留米市内各所で堤防決壊、氾濫が相次ぎ、市街地中心部は水没し久留米は完全に孤立しました。

六月二五日朝から降り続いた雨は、二六日朝にかけて豪雨となりその後も降り続きました。二七日朝早く、筑後川右岸の三条の土井（太刀洗川水門の所）が切れました（現在の合川大橋付近）。太刀洗川の水が思案橋川（旧筑後川本流）の方に流れ込んできました。

久留米の旭町にかかっていた小森野橋が人を乗せたまま流れたと聞きました。これを右岸から見ていた人によると、川の水が堤防スレスレで今にも越しそうだったそうです。堤防の上には何人もの人が様子を見ていて、「市の上（左岸）の方がくずれた方が（水がそっちに行くので）よかばってん」などと話していたら、その通り、市の上堤防が崩れました。その時、いくつかの大波が山のようになってドーッとこちらへ押し寄せてきて、こちら側も夜明けには切れてしまいました。

私の家は宮の陣神社の近くにあり、家の方に水がヒタヒタと入ってきました。一秒間に五～六センチくらいのペースで水はすーっと上がってきましたが、事前に逃げる準備をしていたので助かりました。宮の陣の貸しボート屋の人がボートで助けにきてくれて、そのボートで宮瀬の公民館二階に避難しました。二階まで水がきて、水が引くまで約一週間はここに避難していました。トイレは二階の窓からお尻だけだして、窓枠につかまって用を足しました。

みんなザコ寝で、雨水をためて飲みました。井戸の中に汚れた水が入って私は赤痢になりました。久留米医大の救護班から薬をもらって飲みました。消毒液がなく、石灰石を便所などに撒きました。公民館では消防団の炊き出しがあり、おにぎり二個ずつぐらいの配給がありました。炊き出しをしようにも麦わらや稲わらなど燃料になるものは何もなく、風呂も焚けず、ご飯も炊けませんでした。

二六日夕方頃、筑後川では、ワラ屋根がいくつも人をのせたまま、上流から流されてきたのを目撃しました。「助けてー！」と手を振っているのですが、水の流れが速く、橋桁にぶつかってバラバラになって沈んでいったのを、ただ見ている事しかできませんでした。堤防ぎりぎりまで

西鉄宮の陣鉄橋が崩壊し久留米は孤立
（現在の福岡県久留米市）

水であふれ、川の中央が膨れ上がってとても恐ろしかった思いがあります。道路が寸断されたため、連絡は、危険をおかして役場へ泳いで行っていました。泳いでいると人肌に蛇がまきついてきたそうです。

思い返すと、年寄りの口伝が役に立ちました。祖父が「明治二二年の大洪水と同じ雨の降り方をしている」と言っていたので、学校を休みました。母が気になって早めに逃げる準備をしていたので助かりました。家族には、梅雨の時期にはこの時の話をいつも聞かせています。この時の教訓として、「先人の話に耳を傾けよ」「災害は容赦なくやってくる」「水が引いているうちに家の中の泥をかきだすべし」と思います。水が引いてしまったら、泥がたまって人力じゃどうにもならない。畳もかかえきれなくなってしまいますので。

⑤久留米市高野町（小森野橋付近）での体験（中流・当時推定二三歳男性）

――宮の陣鉄橋は大量の流木で破壊され、木造の小森野橋は流失し下流の橋に衝突して沈没しました。

私が仕事についたのが、この大洪水の昭和二八年四月でした。勤務地が久留米市内でしたので、写真の小森野橋を通っていました。直接流されているのは見ていませんが、小森野橋周辺には動物の死骸が鼻につきました。六月二六日頃増水して筑後川上流で破堤の知らせがあり、急遽、勤務地から歩いて佐賀の自宅に帰りだしましたが、久留米市道は川となり、水天宮に着きました。土地の高い境内で筑後川の水位が手のとどく所にあったのはおどろきです。

私の仕事は奇しくも河川に係わる仕事です。この大洪水により、筑後川水系の基本計画が改訂され、堤防のカサ上、河道掘削（砂取り）が現在も続いています。この改訂で一五〇年に一回起こる洪水にも耐えるようになりました。私はこれで安心とは言えません。最近の治山、治水、山の勾配、宅地化と洪水を受け止めるのは期待できません。更に異常とも思われる気象から考えて安心できません。

六〇年以上経った今このような催しで伝えていくことは大事なことです。自然の力はどんな科学をもっても制御できません。遅まきながら地球的環境保全を認識しないといかんと私は思っています。ありがとうございました。

約20人の人を乗せたまま流失した小森野橋
（福岡県久留米市）

⑥久留米市京町（水天宮近辺）での体験（中流・当時二五歳女性、二〇一七年逝去）

――筑後川沿いの久留米大学病院は濁流の中に孤立し、米軍のプロペラ船が避難救助にあたりました。

当時自宅は水天宮の近くの京町小学校の下にありました。京町の中では割と低い土地に家はあり、小学校は逆に高い方でしたので、隣近所でそこへ避難し、水が引くまで四日間程いました。家は水が床上まできて、昔でいう一尺くらい（三八センチ）床上浸水しました。田舎では洪水に慣れていましたが、街中で家の床上まで水が上がってくるとは思っても見ませんでしたから、のんびりしていました。だんだんと水が上がってきて、水天宮のすぐ裏の筑後川がどっと溢れてきているようで怖かったのを覚えています。筑後川に飲み込まれそうな感じがしました。

二歳の子供もいましたので、親子三人で小学校の方へすぐ避難しました。住民のかなりの人が学校へ避難していました。避難するときは、家の押し入れの上の方に全部荷物を上げていましたが、帰ってきたときは、古いタンスなどは水につかって全部ダメになりました。

周辺の人から「ものすごい水が流れよるよ」との声がしたので、瀬の下の縄手の国鉄ガード下まで様子を見に行きました。国鉄の駅の方から反対側の方へすごい勢いで水が流れてきていたのを見てびっくりしたのを覚えています。ここまで水がくるとは思いませんでした。

人が大勢見物しており、物がたくさん流れてくるのを目撃しました。道路の上を、池町川から溢れた大量の水が流れて行きました。家に帰ったら中が泥をかぶっていたくらいで、その他の被害は少ないようでした。後の掃除が大変だったのを覚えています。

主人の里の長門石へ田植えの加勢に何日も行きました。家もかたづけないといけませんでしたが、人手が足りないからと言われて手伝いに行きました。田んぼは、流れてきた土砂で膝くらいまで泥がいっぱいあり、苗を植えつけられませんでした。固い土に穴を掘って稲を植えないといけないので、はかどりません。稲もどこかに余っていたのをよそからもらって植えていました。この辺は水害で土がかぶっていて、一見すると何もないような荒野と化していました。

孤立した久留米大学病院
（福岡県久留米市）

⑦大川市～佐賀県諸富町（現佐賀市）で体験（下流・当時推定一六歳男性）

――濁流は平野を一面の海と化して有明海に達し、大川の若津町は家屋の1階まで水没しました。

昭和二八年当時は大川に住んでおりました。国鉄佐賀線を利用して佐賀商業（高校一年生）に通学しておりました。朝、学校に着いた時はまだ水は入っておらず、しかしすぐ休校となり大川まで帰り、その時の大川はまだ若津駅付近に少し水がたまっているくらいでした。

午後になって水かさが増し始め、私の住んでおりました若津は人間の背丈位になり、それから一週間は水びたしでした。ドラム缶でイカダを作り、人を運んだり、荷物を運んだり大変な一週間でした。

これらの体験談を読まれて、どのように感じられたであろうか。生々しい記述ばかりだが、これらの「記憶」が忘れ去られようとしているのだ。

筑後川流域は、一九五三（昭和二八）年の大水害以来、五九年間大きな災害のない地域であった。しかし、ご存じのように、二〇一二年と二〇一七年の九州北部豪雨では、流域の中小河川が流木を含む激しい水災害に見舞われたほか、二〇

水没した若津町を救援の舟が行く
（現在の福岡県大川市）

一六年の熊本地震では上流域を中心に多くの被害を受けている。

また、二〇一八年七月上旬の西日本豪雨では、久留米市内の住宅地や農業地帯などが、約三三〇〇ヘクタール以上、一五〇〇戸以上の浸水被害に見舞われた。このような状況のなか、近年は防災・減災について住民の関心は高まってきている。

先に「伝える会」の目的として掲げたように、われわれは「昭和二八年筑後川大水害」の体験者に語っていただいた数々の証言を、一般の人々に語り伝えるために毎年証言発表会を開催し、この大水害の全貌をスライドショーも交えながら行っている。これ以外にも、機会があれば紙芝居で子どもたちにも伝えていきたいと思っている。今後も、過去の水害状況をその地域のハザードマップと重ねながら、地域におけるさまざまなエピソードを交えて、分かりやすく解説していくことにしているので、その際には是非足を運んでいただきたい。

最後に、「大水害の概要」に関しては、国土交通省筑後川河川事務所および九州大学付属図書館などの資料を元としたこと、そして水害写真は「なつかしい中流域写真集、筑後川河童の思い出」（ＮＰＯ法人筑後川流域連携倶楽部、二〇〇七年）および「筑紫次郎物語――筑後川下流の懐かしい風景写真集」（ＮＰＯ法人大川未来塾、二〇〇六年）を使用したことをお断りしておく。また、当時の体験を証言していただいた方々など、関係するみなさまに深く感謝申し上げたい。

（補記・この項は、公益社団法人日本河川協会発行の月刊誌「河川」［二〇一八年五月号］に掲載された執筆者鍋田康成本人の記事を転載・再編集したものである。）

(3) 治水事業の歴史

明治以前

前述したような水害の歴史もあって、筑後川の治水工事は古くから行われてきたが、藩政時代においては、筑前・筑後・佐賀・柳川各藩の争いによって一貫した治水事業はなされていない。筑後川の治水は、慶長年間（一五九六年～一六一五年）の時代になってから本格化した。

主な治水事業としては、江戸期最初の筑後柳川城主となった田中吉政（一五四八～一六〇九）による瀬の下の開削をはじめとして、鍋島藩の成冨兵庫茂安《なるとみひょうごしげやす》（一五六〇～一六五四）による「千栗堤防」の築造や、同時期の有馬藩による「安武堤防」の築造などが挙げられる。

筑後川の下流右岸の千栗堤防は、寛永年間（一六二四年～一六四四年）に一二年の歳月を要して築造されたが、千栗から坂口までの約一二キロ間に天端幅二間（約三・六メートル）という規模となっている。一方、左岸の安武堤防は、千栗堤防とほぼ同程度の規模で築造されたのだが、強度的に対岸の千栗堤防に対抗できなかったため、有馬藩は成冨兵庫茂安に匹敵する土木技術者丹羽頼母重次《にわたのもしげつぐ》（一五八七～一六八一）を招き、河岸防護を

揚げ舟

水屋

目的とした荒籠《あらこ》（五四ページ参照）を築造している。

このように、筑後川の中下流域では、有馬藩、立花藩、黒田藩および鍋島藩などの各藩が、それぞれ自藩に有利な治水工事を行っていた。現在、筑後川には、水害被害を軽減するために考えられた治水施設などが残っている。

筑後川中流に流れ込む支川の古川や陣屋川、および巨瀬川などの堤防は、下流域への氾濫被害の拡大を抑制する「控堤（横堤）」の機能を有している。また、佐田川には「霞堤」や「輪中堤」（五四ページ参照）が、巨瀬川と小石原川の下流部には氾濫原が残っている。さらに、水害から身を守る知恵として、「水屋」や「揚げ舟」なども一部の集落には残っている。しかし、これらのなかには、時代とともに施設の形状および土地利用などといった社会環境が変化し、その機能が消失しているものも見られる。

明治以降

明治時代以降の近代的な治水事業は、一八八四（明治一七）年四月に国の直轄工事としてはじまった。内務省[3]はオランダ人技師ヨハネス・デ・レイケ[4]の協力を得て河川の測量を実施し、航路維持を主な目的とした水制や護岸などの低水工事を実施した。

（3）現在の総務省、警察庁、国土交通省、厚生労働省を含めた中央官庁。

（4）（Johannis de Rijke・1842～1913）オランダ人の土木技師。いわゆるお雇い外国人として日本に招聘され、砂防や治山の工事を体系づけたことから「砂防の父」と称される。愛知県愛西市にある船頭平閘門《せんどうひらこうもん》に銅像が立てられている。

そして、一八八三（明治一八）年六月の洪水を契機として、翌年の四月に筑後川初の全体計画となる「第一期改修計画」が策定された。この計画に基づき、「デ・レイケ導流堤」に代表されるような、航路を維持するための低水工事のほか、金島、小森野、天建寺および坂口の各捷水路工事に着手することになった（一三〇ページ参照）。

その後、前述した一八八九（明治二二）年の大洪水を契機に、高水防御を主とした「第二期改修計画」が策定され、この計画に基づき、河口から旧杷木町までの間で分水路工事や築堤および水門を整備している。

さらに、一九二一（大正一〇）年六月に発生した洪水を契機として、一九二三年に「第三期改修計画」が策定されている。この計画に基づき、久留米市から上流の連続堤の整備や河川拡幅のほか、各支川の合流点に水門を設置し、金島、小森野、天建寺および坂口の各捷水路の開削、大川市若津下流および諸富川を浚渫《しゅんせつ》して、洪水疎通と航路維持を図った。

デ・レイケ導流堤

昭和以降

一九三五（昭和一〇）年六月の洪水の際には、支川堤防の破提などで被害が発生したため、追加して支川の整備や水門の整備を実施している。また、六六ページで紹介したように、一九五三（昭和二八）年六月の洪水では未曾有の被害に遭っている。それに鑑み、一九五七(昭和三二)年に「筑後川水系治水基本計画」が策定され、この計画に基づいて大石分水路や松原ダムおよび下筌《しもうけ》ダムが整備された。

その後、一九七三（昭和四八年）に「筑後川水系治水基本計画」は「筑後川水系工事実施基本計画」と改定され、現在までに、原鶴分水路（朝倉市）、久留米市東櫛原の引堤、筑後大堰（久留米市）などが整備されてきた。また、一九九七（平成九）年の河川法改正を受けて、二〇〇三年一〇月に「筑後川水系河川整備基本方針」を策定している。

5 水利用の歴史

(1) 利水事業の変遷

現在は、発電用水、工業用水、水道用水など多目的に利用されている筑後川の水だが、古くから農業用水としても利用されてきた。農業用水を取水するため、流域では一六〇〇年代から袋野堰、大石堰、山田堰および恵利堰が築造されてきた。このうち袋野堰は、一九五四（昭和二九）年の夜明ダム完成に伴って貯水池に水没し、現在では袋野取水塔より取水されている。また、山田堰から取水している堀川用水には、日本最古の実働水車として有名な三連水車や二連水車がある。

一方、佐田川および小石原川沿いに広がる両筑平野では江川ダムや寺内ダムから、中流左岸に広がる耳納《みのう》山麓では合所ダムからそれぞれ農業用水が供給されている。

下流域では、干拓によって耕地面積が増大するにつれて農業用水が不足するようになり、有明海特有の大きな干満差を利用したアオ取水(5)やクリークなどにより灌漑されてきた。一九九六（平成八）年からは、淡水取水の合口《ごうくち》により、筑後大堰の湛水域から用水路などを通じて灌漑用水が供給されている。

近年においては、北部九州の都市化、工業化に伴う人口増大などの水需要に対処すべく、一九六四(昭和三九)年一〇月の「水資源開発促進法」に基づき、筑後川水系が水資源開発水系に指定された。さらに、一九六六年二月に筑後川水系の「水資源開

ライトアップされた三連水車

発基本計画」が決定され、その供給施設として、上水、工水、農業用水を目的とした両筑平野用水事業（江川ダム）が位置づけられた。

その後、寺内ダムや筑後大堰などの水資源開発施設が追加され、現在、江川ダム、寺内ダム、山神ダム、松原・下筌ダム（再開発）、筑後大堰、合所ダムが完成し、淡水取水の合口事業である筑後川下流用水事業や福岡都市圏への導水を目的とした福岡導水事業などが完了しており、流域を越えた高度な水利用が成されている。

上空から見る江川ダム

松原・下筌《しもうけ》ダム

一九五三（昭和二八）年六月の洪水を契機に従来の治水計画が大幅に変更され、ダムによる洪水調節を含む筑後川水系治水基本計画が策定されたことはすでに述べた。松原・下筌ダムの建設にあたっては、当時、我が国で最初となる住民闘争（蜂の巣闘争）が繰り広げられ、反対住民によって「蜂の巣城」が築造されるまでに至ったが、一九七〇（昭和四五）年一〇月に和解が成立している（四三ページから参照）。

（５）「アオ」というのは、干満の差が大きい筑後川の河口付近で起こる現象のことである。干潮のときに上流から真水が流れ込む現象で、真水は比重が軽いので上に乗りかかるようになる。潮が満ちてくると上流に押し戻されるわけだが、これの流れを利用して取り込むことを「アオ取水」と言っている。

そして、一九八三（昭和五八）年には、両ダムの洪水調節機能を確保しつつ、発電専用の貯水池使用計画を運用変更することによって、海苔期の不特定用水および日田市の水道用水の確保を目的とした松原・下筌ダム再開発事業が実施された。

下筌ダム

筑後大堰

筑後大堰（五六ページの写真参照）は、洪水疎通能力の増大、河床の安定および塩害の防除、農業用水の取水の安定を図るとともに、都市用水の取水を確保することを目的として建設されたものである。その着工に際しては、海苔養殖を主体とする有明海漁連から大堰下流の流量をめぐって工事着工の阻止運動が展開された。この際、海苔期においては、前述したように松原・下筌ダムの再開発によって筑後大堰下流の直下流量が毎秒四〇立方メートルを確保することが確認された。

発電用水の利用は、一九〇七（明治四〇）年に日田市の石井発電所が運転を開始したのが最初だが、現在では、筑後川上流および玖珠川などに二三か所の水力発電所が設置されている。一方、工業用水の利用のほうは、久留米市を中心として日本ゴム株式会社が一九三一（昭和六）年に取水を開始したのが最初で、現在では、久留米市のゴム産業などの三企業および佐賀東部の工業用水などで利用されている。

水道水の利用に関しては、久留米市の一九三〇年の取水が端緒で、その後、日田市、鳥栖市、旧甘木市などにおいて利用が拡大されてきた。近年では、江川ダム、寺内ダム、大山ダム、合所ダム、筑後大堰などで開発された水を筑後川から取水し、導水路を通じて福岡県南地域、佐賀東部地域、福岡都市圏にまで広域的に利用されている。

（２）渇水被害

筑後川流域は、一九七八（昭和五三）年、一九九四（平成六）年、二〇〇二年などに異常な渇水被害に見舞われている。一九七八年の福岡大渇水を契機として本格的な渇水調整が実施されるようになったわけだが、現在も慢性的な水不足の状態にあり、二年に一度ぐらいの割合で渇水調整が行われている。二〇〇二（平成一四）年にも、少雨に伴う渇水調整により、夏期から最大五五パーセントの取水制限が行われた。

また、河川流量確保のための不特定補給施設の建設として、小石原川ダム建設事業を実施するとともに、ダム群連携事業の調査を実施中である。とくに、農業用水の取水が集中する六月中旬においてはたびたび河川流量の不足が生じており、二〇〇一年度から松原ダムの洪水調節容量の一部を活用した弾力的管理試験を実施し、河川流量の確保に努めている。

上空から見る寺内ダム

かつて、一九七八年の渇水時は取水制限が二八七日間に及び、福岡市では給水車が出動するなど大きな社会混乱を招いた。また、それを上回る渇水規模であった一九九四年の渇水時では、過去に例がないほど多岐にわたる渇水調整が実施され、全利水者に対して延べ三二〇日間の取水制限が行われた。さらに、福岡都市圏では時間断水が行われるなどの被害も生じた。

このように筑後川流域を見てくると、恩恵も多いわけだが、やはり水害をはじめとした被害のほうに意識が傾いてしまう。これも、太古の昔から流域に人が住み、さまざまな営みがあったという証拠である。そこで次章では、流域に住み着いた人々が形成してきた文化面における歴史を見ていくことにする。

コラム・もう一つの被害——日本住血吸虫病対策

筑後川の中流域は、かつて日本住血吸虫病（筑後地域の俗称で「ジストマ」）の流行地で、地域住民は古くからこの病気に悩まされてきた。1913（大正２）年７月、病原体である日本住血吸虫の唯一の中間宿主であるミヤイリガイが、鳥栖市酒井において世界で初めて発見された。その後、昭和 30 年代になって関係機関は対策協議会を設置し、日本住血吸虫病撲滅のため、ミヤイリガイの生息環境の消滅を目的とした河川敷整地や水路のコンクリート化などを実施した。また、ミヤイリガイの生息地域からは、外部への土砂の持ち出しを規制した。

このような対策の効果が着実に進み、1990（平成２）年に「安全宣言」が行われ、その後もミヤイリガイの生息確認のモニタリング調査が継続されたが発見されず、2000 年３月に対策協議会を解散し、活動を終えている。

第3章

筑後川・矢部川流域の歴史探訪

筑後一の宮・高良大社（福岡県久留米市）

1 有明海と筑後川・矢部川流域の形成——生活のはじまり

水を生み出す上流——源流域の形成

私たちの生活を支えている九州一の大河「筑後川」、この水を支えているのは上流・源流域にある森林である。この源流域は、いつごろ形成されたのだろうか。かつて、日本列島が海底だった時代や、アジア大陸の一部だった時代がある。その後、大陸から分裂し、火山活動などによって日本列島の原型ができた。一七〇万年前から九万年前にかけて、万年山《はねやま》や九重山、耶馬渓、阿蘇山で大規模な火山活動が起こり、源流、上流域において山地が形成され、やがて森林が形成されていった。

九万年前に大噴火した阿蘇山の溶岩は、日田や八女まで達している。日本の四大石灯篭産地（他は、愛知県岡崎市、香川県木田郡庵地町、島根県出雲市）の一つである八女石灯籠《やめいしとうろう》の石は、言ってみれば、このときの阿蘇山の置き土産となる。

江戸初期が起源と言われている八女石灯籠のもっとも古いも

九重連山

のとしては、文久年間（一八六一年～一八六四年）につくられたものがある。とはいえ、本格的につくりはじめられたのは大正時代に入ってからである。石工たちが行っていた井堰や石橋といった土木工事をはじめとして、久留米市などの植木業者から庭園に置く石灯籠の注文が増えはじめたことによって石灯籠の製作が活発化した。

昭和三〇年代に訪れた園芸ブームのときには七〇～一〇〇軒ほどの製造所があったが、ガーデニングブームや安価な輸入物の大量に流通するようになったため、現在では二〇軒ほどに減少している。そのような環境を踏まえて、現代の生活環境に合わせた照明などといったものも現在は製造されている。

また、ハワイ、オーストリア、ドイツにも輸出されている一方で、海外から来る若者たちの研修も積極的に受け入れるなど、グローバルな活動を展開している。日本庭園の美を支えてきた石灯籠、ひょっとしたら、違った形のものを海外で見ることになるかもしれない。

上流、源流域の火山活動で噴出した溶岩は、長い時間をかけて雨によって浸食され、川を流れ下り、玖珠盆地や日田盆地に堆積し、さらに中流域から下流域へと流れ下っている。一七〇万年前から一万年前の間に、下流域では今の地盤から約一〇メートル地下まで土砂が堆積したという。

石灯籠

筑紫平野・有明海の形成と生活のはじまり

二万年前、地球は氷河期を迎えた。海水までも凍り、有明海の海水面は現在よりも一二〇メートルも下がり、陸地と化してしまった。再び大陸と陸続きとなったこの時代に、私たちの祖先である新人が日本列島に入ってきた。その子孫が「縄文人」と呼ばれている人たちである（**図３―１**参照）。

現代文明の象徴とも言える冷蔵庫がなかった時代において、採取した食糧などは地中に埋めて保存していた。久留米市国分町にある正福寺遺跡からは、ドングリの貯蔵跡なども見つかっている。ドングリなどが入っていた縄文時代後期の網籠（植物性）をはじめとして、同じく正福寺遺跡から出土した直柄《なおえ》付きの「磨製石斧《ませいせきふ》」[1]などが、現在、久留米市埋蔵文化財センター[2]に収蔵されているので、是非足を運んでいただきたい。ちなみに網籠は、水に浸かっている状態で土中に保存されていたため、三〇〇〇年ほど経った今でも、腐ることなく良好な状態で残っている。

縄文時代になると、気候の温暖化によって海水面が上昇し、六〇〇〇年前には久留米付近まで有明海が

図３－１　２万年前の九州

広がった。このころ、中上流域から供給された土砂と、干満差の大きい有明海の浮泥の凝集沈降作用によって、下流域に軟弱な土砂が堆積していった。そして弥生時代になると気温がやや低下し、海水面も下がりはじめた。こういう現象を経て、中・下流域に陸地が現れ、自然の干拓地である筑紫平野と現在の有明海が形成されたわけである。その後、渡来系の弥生人が運んできた稲作文化によって、筑紫平野一帯が繁栄する弥生時代を迎えることになった。

図３－２　6000年前は海だった中・下流域

　このような歴史的な背景があるからだろう。久留米市には、八丁島、千代島、金島、勿体島などといった「島」の付く地名が数多く残っている。また、小郡市には、松崎、大崎、干潟、吹上、津古といった地名があり、かつて海に接していたことがうかがえる。いずれにしろ、これらの地区は、筑後川が広い範囲で氾濫していたころに、私たちの祖先が川の中の荒れ地を開墾していた所であった。

（１）直柄が装着されたままで発見されたものとしては日本最古の資料であり、石斧の刃を納める袋状の網組製品も付属しているものとしては日本で唯一の資料となっている。

（２）〒八三〇—〇〇三七　久留米市諏訪野町一八三〇—六　電話：〇九四二—三四—四九九五。

大陸と近接していたことを示す生き証人たち

有明海に、ムツゴロウやワラスボといった固有の生物が生息していることはご存じであろう。柳川など有明海沿岸地域の郷土料理としても有名である。国内では、ムツゴロウは有明海と八代海のみ、ワラスボは有明海のみにしか生息していない。一方、海外でも、中国や朝鮮半島でしか生息していない。

これらの生物は、二万年前に海水面が下がったとき、九州とアジア大陸、西南諸島に囲まれた浅海で生息していたが、その後の海水面の上昇に伴って生息地域が四方に分散して現在に至っている。つまり、これらの生物は、かつてアジア大陸と近接していたことを示す生き証人と言える。

このような生物のことを詳しく知ることのできる施設、それが先にも紹介した「筑後川防災施設くるめウス」である。一九五三（昭和二八）年の大水害の記録を伝え、災害（洪水）から身を守る治水の大切さや防災・減災、河川環境の保全、河川愛護意識の啓発を目的として、二〇〇三年六月に久留米市新合川の筑後川と支川高良川との合流点に開館した。筑後川の魚と水環境を学習するための「淡水魚水族館」も併設されているので、是非立ち寄っていただきたい。

開館以来の来館者は一〇〇万人（二〇一六年七月末）を突破しており、近年は毎年約七万人以上の人々に来場いただいている。

ムツゴロウ

2　弥生時代から古墳時代にかけて流域で繁栄がはじまった

筑紫平野での繁栄のはじまり――弥生時代

縄文時代の終わりから弥生時代にかけて、東アジア地域の戦乱情勢から避難するために舟を漕いでやって来た人たちがいる。先にも述べた渡来系の弥生人である。九州北西部にたどり着いた彼らは、東アジアにあった水耕稲作や金属器といった文化などを日本列島に伝えた。このころの筑後川流域は、気候変動によって筑紫平野が形成された時期である。伝えられた水耕稲作は、広大な平野を抱える筑紫平野や玄界灘の沿岸地域で急速に広まった。

こうした各地域には「ムラ」がつくられ、やがて「クニ」「国」へと発展していくことになった。流域には「吉野ヶ里遺跡」（五三ページの写真参照）や「平塚川添遺跡」といった大きな「クニ」ができ、やがて「邪馬台国」が誕生したとする説もある。吉野ヶ里町、朝倉市、久留米市、みやま市、八女市矢部村などに邪馬台国説があり、多くの古代史ファンを魅了するエリアとなっている。

平塚川添遺跡

とくに、宮崎康平が著した『まぼろしの邪馬台国』が吉永小百合主演の映画（堤幸彦監督、東映配給、二〇〇八年）となったこともあり、「九州説」がヒートアップしたことは記憶に新しい。ちなみに、宮崎がこの本において邪馬台国があるとした所は島原である。

徐福伝説

約二二〇〇年前、史上初めて中国の統一を果たした秦の始皇帝（紀元前二五九～紀元前二一〇）は、仕えていた徐福《じょふく》に、(3) 不老不死の薬を採ってくるよう命じた。始皇帝の命を受けた徐福は、約三〇〇〇人の若い男女と多くの技術者を連れて東方（日本列島）に向けて船出した。

有明海に到着した徐福一行は、海に盃を浮かべ、それが流れ着いた所から上陸した。その盃が着いた所が、佐賀市諸富町浮盃と言われている。上陸した一行は金立山（五〇一・八メートル）に向かって進み、探していた薬草（フロフキ）を見つけたとされる。その一〇〇年後、吉野ヶ里で稲作がはじまっているわけだが、これは徐福一行が伝えたとも言われている。

このような佐賀における徐福伝説は、「健康と長寿」がテーマの「金立公園徐福の里薬用植物園」のメイン施設である「徐福長寿館」(4) で紹介されている。約五ヘクタールの広さとなっているこの公園内には、バンガロー、バーベキュー炉、センターハウス（研修室、和室）、草スキー場、トリムコースなどがあって、ファミリーで一年を通して楽しむことができる。また、春には約五〇〇〇本の桜が来園者を魅了している。

実は、八女市にも徐福伝説が残っている。不老不死の薬を求めて徐福がやって来たとき、この地で疲れ果て、地元の人たちから手厚い看病を受けたが亡くなったとされている。徐福が亡くなったとされている一月二〇日には、市内川崎地区の人々と川崎小学校の六年生によって「童男山《どうなんざん》ふすべ」が毎年行われており、徐福の功績が語り継がれている。

「ふすべ」とは「いぶす」という意味で、八女に着いた徐福を住民が火を焚いて温めて介抱したという伝説にちなんでいる。煙で徐福の霊を弔うという行事が、毎年一四〇人ほどの住民によって執り行われている。八女市の姉妹都市である韓国・巨済《コジェ》市から徐福の足跡を研究する人たちが訪れたこともあるこの行事、古代史ファンには必見かもしれない。

神功《じんぐう》皇后にまつわる伝説

稲作文化が伝えられてムラが発展し、紀元前一世紀には一〇〇余りのクニが日本列島に成立した。やがて、近畿（奈良県）に大王を中心としたヤマト政権

徐福長寿館

童男山ふすべ

（3）斉国の出身で、秦朝の方士。青森県軒から鹿児島県に至るまで、日本の各地には徐福に関する伝承が残されている。佐賀市、熊野市、新宮市、いちき串木野市、富士吉田市、延岡市、八丈島などが有名。出航の候補地の一つである慈渓市には「徐福記念館」があり、日本との交流が続いている。

（4）〒八四九―〇九〇六　佐賀市金立町金立一一九七―一六六　電話：〇九五二―九八―〇六九六　入場料：三〇〇円

が誕生したという歴史の流れはご存じだろう。

　紀元後二世紀に第一四代天皇となった仲哀《ちゅうあい》天皇[5]は、ヤマト政権の命令に背いた九州南部の勢力である熊《く》襲《そ》を征伐するべく神功《じんぐう》皇后（一七〇～二六九・日本書紀による）とともに筑紫へ出兵するが、途中、香椎宮で崩御した。天皇に代わって熊襲を征伐したのが神功皇后である。その後、お腹に子ども（のちの応神天皇）を宿したまま玄界灘を渡って朝鮮半島に出兵し、新羅の国を攻めた。新羅は戦わずして降服し、朝貢を誓った。また、高句麗と百済も朝貢を約したという。俗に言う「三韓征伐」である。

　神功皇后は、新羅遠征が終わると有明海から筑後川を船で上り、大善寺に立ち寄った。ここで、新しく船を造り直している。そのときの古舟を神様として祀ったのが「大善寺玉垂宮」と言われている。

　新羅への出兵で大きな功績を挙げた人物に藤大臣《とうのおとど》という人がいる。大善寺に降り、この地を荒らし、自民を苦しめていた肥前国水上（喜瀬川中流の説あり）の賊徒「桜桃沈輪《ゆすらちんりん》」を、三六八年一月七日の夜、松明をかざして探し出して討ち取り、その首を集めて焼き払ったと伝えられている。

　これが、毎年一月に大善寺玉垂宮で行われている「鬼夜《おによ》」の起源である。六本の大松明が境内をめぐる、一六〇〇年余りの歴史がある火祭りで、「日本三大火祭」にも数えられ、一九九四年に重要無形

鬼夜（久留米市）

文化財として指定された。

さて神功皇后だが、大善寺から筑後川を下って大川へ船を進めた。榎津（大川市）に船を寄せたとき、皇后の御船あたりに白鷺が忽然として現れた。白鷺が止まった楠の場所に建てられたとされる社殿が「風浪宮《ふうろうぐう》」の起源と伝えられている。約一八〇〇年の歴史を誇るこの境内にある樹齢二〇〇〇年の楠は、県の天然記念物に指定されている。

筑後国一の宮の高良《こうら》大社《たいしゃ》にも、神功皇后にまつわる伝説がある。高良大社に伝わる『絹本着色高良大社縁起』（福岡県指定文化財）によると、一六〇〇年前に異国の兵が筑紫（九州）に攻め込んだ際、西に下った神功皇后が追い返し、筑前国四王子嶺に登って神仏に助けを祈られたとき、高良玉垂命が住吉の神とともに初めてご出現されたという。

社伝では、高良玉垂命を祀る高良大社は、三六七年または三九〇年の御鎮座と言われ、四〇〇年に社殿を建てて祀ったとされている。この社殿は国の重要文化財に指定されているが、神社建築としては九州最大の大きさを誇っている。

風浪宮（大川市）

高良大社（久留米市）

（5）（?～二〇〇）父が日本武尊で、応神天皇の父であるとされている。

磐井《いわい》の乱

時代は下って第二六代継体天皇（四五〇？〜五三一？）のとき、ヤマト政権は六万人の兵を率いて朝鮮半島の百済を救済すべく出兵した。その際、九州一の大豪族で、八女を中心とした勢力を誇っていた筑紫君磐井に対して出兵命令を出したが、新羅から妨害の要請を受けていた磐井はヤマト政権に対して反乱を起こした（五二七年）。挙兵した磐井は、周辺諸国を制圧するとともに、日本と朝鮮半島を結ぶ海路を封鎖するなど、ヤマト政権軍の進軍を阻んだ。俗に「磐井の乱」と呼ばれている争いである。

この反乱を平定するためにヤマト政権は新たに軍隊を派遣し、翌年の五二八年一一月一一日、筑紫三井郡（福岡県小郡市・三井郡あたり）で激しい戦闘となった。その結果、磐井軍は敗北した。磐井は筑後国御井の野で斬られたとされているが、豊後国（大分県）に逃れたという説もある。

八女丘陵上に展開する八女古墳群を構成する古墳の一つである岩戸山古墳は、この磐井の墓と伝えられている。東西十数キロメートルからなる八女丘陵には、五世紀から六世紀にかけて築かれた前方後円墳一二基、装飾古墳五基を含む約三〇〇基にも上る古墳がある。岩戸山古墳は、そのなかでも代表的なものとなっている。

東西を主軸にして、後円部は東を向いている。二段造成で、北東隅に「別区《べっく》」と呼ばれる一辺四三メートルの方形状区画を有するという

上空から見る岩戸山古墳

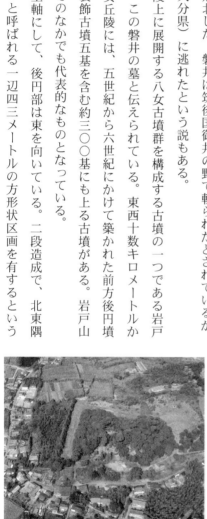

特徴をもっている。築造年代は六世紀の前半と見られており、被葬者と推定されている磐井に関する記録とも一致している。なお、墳丘脇には神社（大神宮）が鎮座しているが、古くは後円部墳頂に鎮座していたという。

近くにある「岩戸山歴史文化交流館いわいの郷」(6)において詳細が紹介されているので、古代史ファンならずとも、是非立ち寄っていただきたい所である。また、この資料館の一階には、先に紹介した「童男山古墳《どうなんざん》」から出土した石棺が移築されている。童男山古墳は、地元では「徐福の墓」と伝承されてきたものである。ひょっとしたら、この石棺が……。

3 飛鳥時代から平安時代

白村江の戦い

日本史上において初めて重祚《ちょうそ》(7)をした天皇、それが第三七代斉明天皇（五九四～六六一）である。第三五

(6)　〒八三四—〇〇〇六　福岡県八女市吉田一五六二—一　電話：〇九四三—二四—三二〇〇　入館料：無料。

(7)　一度退位した君主が再び即位すること。

代皇極天皇であったとき、子である中大兄皇子（のちの第三八代天智天皇）らが蘇我入鹿を討って大化の改新（六四五年）を遂げると退位し、弟の軽皇子（第三六代孝徳天皇）に皇位を譲った。こちらも、日本史上初の譲位である。そして、六五四年に孝徳天皇が崩御すると、六五五年一月三日、六二歳のときに再び皇位に就いている。

　日本（倭）がこのような時代だったころ、朝鮮半島では百済、新羅、高句麗の三国が勢力争いを繰り返していた。やがて新羅が勢力を拡大すると、「高句麗＋百済」対「新羅＋唐」という勢力構図となり、六六〇年に百済が新羅・唐連合軍に敗れると、百済は日本に救援を求めてきた。百済を助けるため、斉明天皇は武器と船舶を造らせたうえで瀬戸内海を西に渡った（六六一年）。これに同行したのが、中大兄皇子、大海人皇子（のちの第四〇代天武天皇）、中臣鎌足らである。

　このとき、朝倉の地に大本営（宮殿）として設けられたのが「朝倉《あさくらの》橘広庭宮《たちばなのひろにわのみや》」である。朝倉の地は、陸路で那津（博多）に通じ、筑後川で有明海にも畿内にも通じる要衝の地であるが、この宮殿がどこにあったのかについては、はっきりとしていない。「橘廣庭宮之蹟」と彫られた石碑が福岡県朝倉町大字須川にあるが、麻氏良山《までらやま》（二九五メートル）の麓に大型建物群の遺構が出土している、朝倉市把木志波地区という説もある。

　六六〇年一〇月、百済再建のため自ら筑紫に向かうことを決意した斉

朝倉橘広庭宮（朝倉市）

明天皇は、翌年の三月に那津（福岡市博多区）に到着し、同年五年、皇居を朝倉に移した（遷都）が、同年七月、この地で崩御した。『日本書紀』には、麻氏良山の神木を切り払って宮殿造営を行ったため雷神が怒って宮殿を破壊し、多くの病人を出したと書かれている。また、病死された斉明天皇の葬儀の際、麻氏良山の山頂から大笠をかぶった鬼がその様子を見ていたという。

出兵の準備で慌ただしいなか、中大兄皇子は木皮がついた丸木柱と板という簡素な「木の丸殿」を建て、斉明天皇の遺骸を仮埋葬し、一二日間、そこに籠もって喪に服した。地元では、この地を御陵山と言い、「木の丸殿」の跡地には恵蘇八幡宮（一八四ページの写真参照）がある。

崩御にあたっても中大兄皇子は即位することなく、造船の責任者を司令官に任命して全面的に支援することにした。日本軍は朝鮮半島南部に上陸し、唐と新羅の連合軍と戦ったが敗北した。世に言う「白村江の戦い」（六六三年）である。その場所は、現在の錦江河口付近とされている。

この戦いには、筑紫国から筑紫君薩夜麻《つくしのきみさちやま》と大伴部博麻《おおともべのはかま》という人物も加わったが、出兵先で捕らえられている。長安に連れていかれた薩夜麻ら捕虜は唐の策略を知ったが、戦いで船を沈められており、唐の計画をヤマト政権に奏上できずにいた。そこで大伴部博麻は、「自分は皆と一緒に政権のもとに行きたいが、衣食もない身で叶わないので、どうか私を奴隷に売り、その金をあててくれ」と、自らを犠牲にすることで他の捕虜を日本に帰したと言われている。

『日本書紀』によると、約三〇年後の六九〇年、博麻は無事に帰国している。時は、第四一代持統天皇（六四五～七〇三）の時代となっていた。八女市上陽町北川内寄口の公園の頂上に「博麻の碑」がある。この碑は、一八六三（文久三）年七月一五日、神職「小川柳好幸」、庄屋「木下甚助」らの地元有志によって建立されたものである。

ところで、白村江の戦いに敗れたことが理由で築かれた防衛上の砦などが各地に残っている。つまり天智天皇は、唐・新羅による日本侵攻を恐れていたということだ。百済から逃げ延びた帰化人の協力のもと、対馬、太宰府の水城、瀬戸内海沿いの西日本の各地に朝鮮式の古代山城などを築いた。そのなかでも有名なのが、香川県の屋嶋城《やしまのき》や岡山県総社市の鬼城山《きのじょうさん》であろう。しかし、唐・新羅連合軍による日本侵攻はなかった。連合軍は高句麗を制圧することに成功するが、半島の支配をめぐって今度は唐と新羅の争いが起きた。

筑後川流域にある高良山、女山、杷木地区の山中では、数キロメートルにわたって並べられた巨大な石「神籠石」を見ることができる。これらが設置された目的には諸説あるが、白村江での敗戦後、唐・新羅の連合軍から太宰府政庁を守るための防衛施設（山城）であったという説が有力である。

これらをはじめとして九州の各地に防人を配備した天智天皇は、六六七年、都を難波京から近江京へと移している。もちろん、防御を考えて

博麻の碑（八女市上陽町）

神籠石（久留米市）

のことである。

天智天皇が六七一年に急死すると古代最大の内戦である「壬申の乱」（六七二年）が起こり、第四〇代天武天皇（？～六八六）が誕生した。皇位に就いた天武天皇は、専制的な統治体制を備えた新たな国家の建設に努めた。遣唐使は一切行わず、新羅から新羅使が来朝するまでになったし、遣新羅使も新羅へ派遣している。これらは、唐に対するけん制であったのかもしれない。

六八六年に天武天皇は亡くなっているが、専制的な統治体制は、皇后でもあった第四一代持統天皇によって継承された。そして、七〇一年に大宝律令が制定され、「倭国」から「日本」へと国号が変えられ大陸に倣った天皇を頂点とする中央集権国家の建設が完了した。これにより、九州は「筑前」「筑後」「肥前」「肥後」「豊前」「豊後」「日向」「壱岐」「対馬」という九つの国に分割され、国を治める役所（国庁）がそれぞれ設けられた。ちなみに、九州の「九」の由来説の一つに、この「九つの国」がある。

肥前国の国庁のあった場所（国府）は、現在の長崎自動車道佐賀大和インター付近であり、国庁内部の全容が分かっている全国でも貴重な存在となっている。南北一〇四・五メートル、東西七七・二メートルといった敷地には、南から南門（復元）、前殿、正殿、後殿が並び、前殿の東西両側にはそれぞれ二軒の脇殿が配置されていた。

また、筑後国庁は、久留米市合川町から御井町にかけて三回移転していることが発掘踏査によって確認されている。水道施設がなかった当時、国府は川の近くや断層沿いなどといった、水が豊富な場所が選ばれていた。筑後国庁は、六〇〇年代の末から一一〇〇年代の後半にかけて五〇〇年も続いており、筑後国の存在の大きさをうかがうことができる。

筑後国庁の初代国守（長官）が道君首名《みちのきみのおびとな》（六六三～七一八）である。七一三年に着任した首名は、筑後国の人々に稲や果物、野菜を植えさせたほか、家畜を飼わせ、各地にため池や堤防を造った。さまざまな規定を定めて、それに従わない者を罰したため最初は反抗する領民もいたが、収穫量が上がるにつれてみんなが喜んで従うようになり、筑後国の農業生産力を向上させたとされる。また、水郷柳川の堀は、首名が農業生産力向上のために農民に造らされたと言われている。

首名の死後、人々は首名を神として祀ることにした。肥後守を兼任していたので、熊本には健軍神社内に「天社神社」があるほか、久留米市大善寺内の夜明神社の境内には首名塚がある。その横に立つ解説板には以下のように書かれていた。

「道君首名は奈良時代はじめの貴族で、筑後国の初代の国司です。首名は国司として人々に農業の指導や灌漑の便を図るなど、民生の安定につとめました。最初は指導の厳しさに不満もでましたが、しだいに成果が上がるにつれて、名国司として従うものが増えていきました。在任のまま亡くなったため、人々は彼の徳を慕って祠を建て、おまつりをしました。これが首名塚とも乙名塚とも呼ばれているこの塚です」

平安時代も筑紫平野は政治の舞台

七八一年に即位した第五〇代桓武天皇（七三七～八〇六）は、都を平城宮から長岡京へ、そして平安京へと移した。その過程で政治の実権を握るようになったのが藤原氏である。その藤原氏の勢力を抑えることを目的として、菅原道真（八四五～九〇三）を右大臣に迎えたのが第五九代宇多天皇（八六七～九三一）である。これを快く思わなかった左大臣の藤原時平（八七一～九〇九）は、さまざまな策略を講じて道真を太宰府に左遷した。

道真はその二年後に亡くなり、太宰府にあった安楽寺に埋葬された。道真の死後、都では疫病や異常気象などといった不吉なことが続き、これを「道真の祟り」として公家たちは恐れた。その御霊《みたま》を鎮めるために、第六〇代醍醐天皇（八八五～九三〇）は左大臣藤原仲平（八七五～九四五）を太宰府に下向させ、九一九年、道真の墓所の上に社殿を造営させた。それが、現在の太宰府天満宮（当時は安楽寺天満宮）である。

一方、都では、没後二〇年目に朝廷は左遷を撤回して官位を復し、正二位を贈っている。また、託宣に基づき、九四七年に道真を祀る社殿が造営された。のちに壮大な社殿となったわけだが、それが現在の北野天満宮である。

その後、第七〇代後冷泉天皇（一〇二三～一〇六八）の勅により、京都北野天満宮の御分霊を祀ったのが久留米市北野町にある北野天満宮（一〇五四年）である。地名の由来ともなった北野天満宮では、毎年一月、道真に由来がある「鷽替《うそか》え祭り」が行われている。「鷽替え」とは、全国の天満宮で行われている神事である。鷽が嘘に通じることから、前年にあった災厄・凶事などを嘘とし、新しい年は吉となることを祈念して行われている。

また一〇月には、「秋大祭おくんち」も執り行われている。御神体である鏡を御神輿にのせ、下宮《しもみや》までの約二キロを下るというものだが、その先頭を河童の化身である風流師《ふりゅうし》が務めている。そのあとに、かわいらしい稚児風流、大名行列を模した奴隊が続き、最後に御神輿となる。この御神輿の下を潜ると一年間無病息災で過ごせると言われており、御神輿の下をくぐろうとする観光客で賑わっている。

北野天満宮の横を流れる陣屋川沿いにはコスモス街道がある。秋、約三・五キロにわたって道の両側にコスモスが咲き誇る。もともとは、堤防の脇に住む人たちが、生まれてくる子どもの健やかな成長を願ってコスモスの種をまいたことからはじまったという。筑後川流域に住む人たちは、昔も今もその精神は変わっていない。

北野天満宮（北野町）

平安時代、広い筑紫平野の各地には条里（水田を碁盤状に区分）が設けられた。とくに神埼地方では、郡の大半が皇室領荘園となったために、公領的な伝統や吉野ヶ里など条里坪の名残が現在でも多く残っている。その一つ、皇室領神埼荘の中心に位置する総鎮守神社が櫛田宮（佐賀県神埼市）である。

平忠盛（一〇九六～一一五三）は越前守に就任時、敦賀港で日宋貿易が生み出す利益に着目し、本格的に貿易を行うため、九州での足がかりとして鳥羽院領となっていた神崎荘の知行を希望して荘官となった。そして忠盛は、太宰府が管理する博多での交易を避けて、有明海から入ってくる宋船と神崎荘で交易を行った。

このようにして忠盛が築いた経済基盤は、その子である清盛（一一一八～一一八一）に引き継がれた。

太宰大弐に就任した清盛は、日本で最初となる人工港を博多に築くとともに神崎の櫛田宮を博多に分社（櫛田神社）して、後白河院の権限のもと寺社勢力を排除し、日宋貿易の独占化に成功した。

日宋貿易などで勢力を拡大していった平氏であるが、ご存じのように源氏との戦いを繰り返し、衰退していった。そして一一八五年、壇ノ浦の戦いで八歳の安徳天皇が入水した。生き延びた侍女が千歳川（現筑後川）のほとりの鷺野ヶ原に逃れてきて、安徳天皇と平家一門の霊を祀る祠を建てた。それが、現在の久留米水天宮のはじまりである。

当初は「尼御前神社」と呼ばれていたが、その後、慶長年間（一三一一年～一三一二年）に久留米市新町に遷り、一六五〇年、久留米藩二代藩主有馬忠頼（一六〇三～一六五五）によって現在地に社殿が整えられ、遷座した。水天宮は全国各地にあるが、久留米水天宮が総本宮である。

毎年八月五日に開催されている筑後川花火大会は大勢の人で賑わっているが、実は三五〇年以上の歴史をもっている。有馬忠頼が現在の地に社殿を寄進し、水天宮落成祝賀の際に上げた花火に由来していることを知っている人は少ない。

また、流域内には平家伝説が各地に残っている。「かっぱの町」で有名

久留米水天宮（久留米市）

櫛田宮（神埼市）

な久留米市田主丸町では、河童の総大将である巨瀬入道は平清盛の化身という説があるぐらいだ。壇ノ浦の戦い後、源氏の追っ手を逃れて南下し、最後の激戦地となったのが「要川《かなめがわ》の戦い」(みやま市山川町)である。この地では、平家まつりが毎年行われている。

要川の戦いにおいて逃れた平家武士の数は一一人とされている。そのうち五人が五家荘《ごかのしょう》(熊本県)へ落ち、六人が柳川の沖ノ端にたどり着き、漁師となって生活をはじめたと伝わる。それが理由なのだろうか、柳川では漁師のことを「六騎《ろっきゅう》さん」と呼んでいる。

4 鎌倉時代から秀吉の時代

筑後十五城

壇ノ浦の戦いで源氏が勝利すると、東国の御家人である少弐氏《しょうにし》(豊前、筑前、肥前国)、大友氏(豊後、筑後、肥後国)、島津氏(日向、薩摩、大隅国)が九州の守護として配置された。九州の在地勢力は、平家方についた者や源氏方に転身して戦ったという者が多かったため、源頼朝(一一四七~一一九九)の信頼が薄く、東国から配置された守護の傘下に置かれることになった。筑後国は大友氏の支配下に置かれ、上蒲池・下蒲池・問註所・星野・黒木・河崎・草野・丹波(高良山座主)・高橋・江上・西牟田・田尻・五条・溝口・

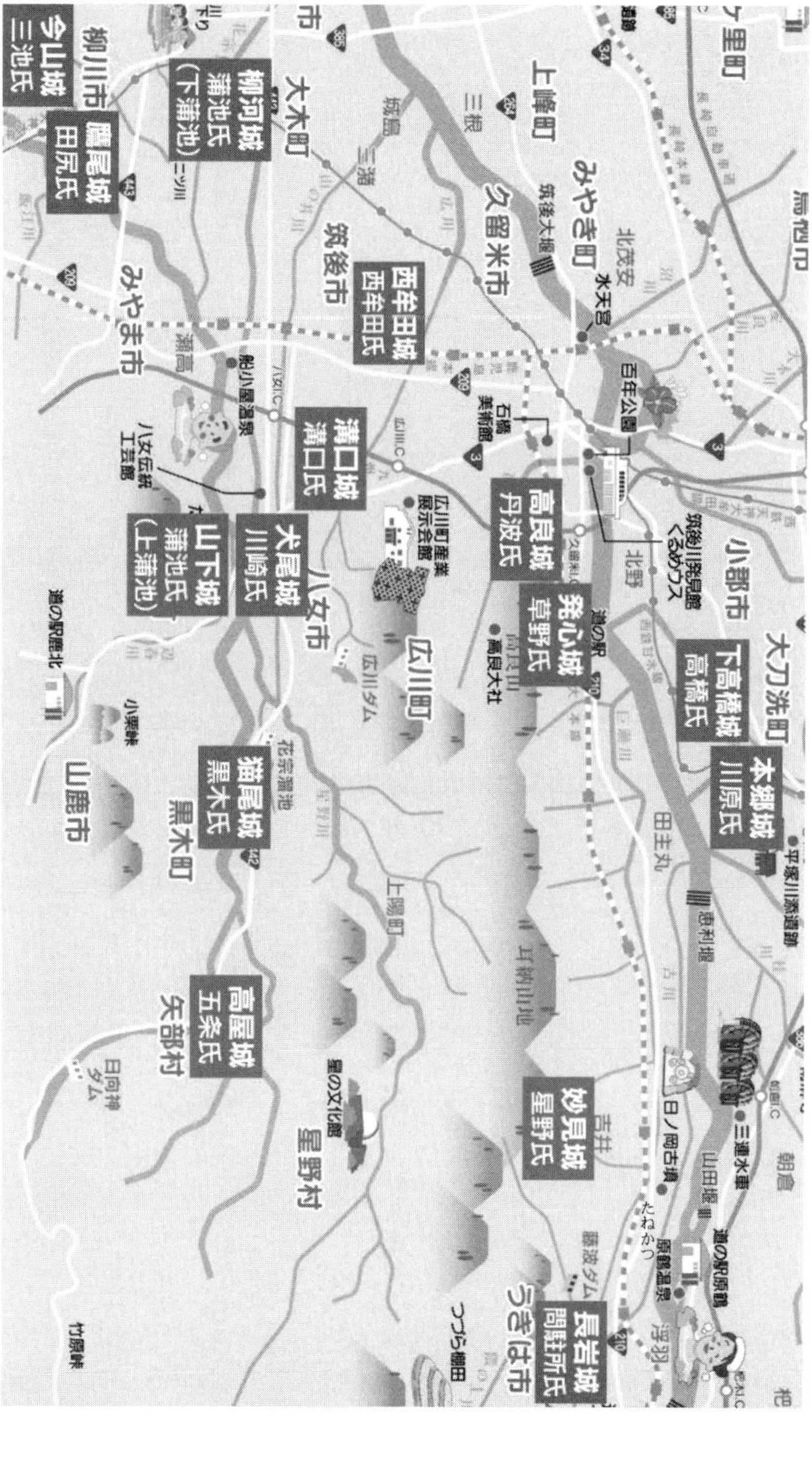

図３－３　筑後川15城と領主

三池という一五家の領主が治めることになった。その筆頭領主が、柳河城を本拠としていた蒲池氏であった。

そのなかの草野氏は、壇ノ浦の戦いでの功績もあって筑後国守護職に就き、以後四〇〇年、豊臣秀吉（一五三七〜一五九八）の九州仕置きによって一五八八年に滅亡するまで草野町の発展に貢献した。

ここで草野を紹介するには意味がある。あまり観光地としては知られていない所だが、この町には豊後街道が通り、久留米八宿の一つとして知られていた。現代、日田街道としての国道210号線が町の北側を通ったことで、宿場としての面影が色濃く残ることになった。とくに、切妻造りの妻側に庇を付けたような家屋は九州北部独特の様式であるので、是非、町歩きをしていただきたい所である。

草野氏にまつわる草野町の歴史は、草野歴史資料館で紹介されている。ちなみに、この建物は一九一〇（明治四三）年七月に株式会社草野銀行本店として建てられたもので、和洋折衷の均整のとれた様式となっており、国の登録文化財ともなっている。唐草紋をあしらった門扉や垣棚などのデザインは、栄えていた草野人の先進文化吸収への自信を表すものとなっている。

秋月《あきづき》氏

「筑前の小京都」と呼ばれる端正な町並みを残す秋月、国の重要伝統的建造物群保存地区にも選定されているように、秋月城址や武家屋敷などが大切に保存されている。シーズンを通して多くの観光客が訪れているのだが、そのほとんどの人が、ただ歩き、ただ眺めるだけという町歩きを楽しんでいる。行かれたことのある人なら、そんな楽しみ方の理由が分かるだろう。

この地に関して一般的に知られているのは、江戸時代から藩主を務めた黒田氏の栄華を感じさせる町並みであるが、実は鎌倉時代からこの領地を支配していたのは秋月氏一六代である。秋月氏は、対馬守兼大宰大監であった大蔵春実（生没不詳）を遠祖とし、春実から八代目となる原田三郎種雄が鎌倉幕府二代将軍源頼家（一一八二〜一二〇四）から筑前国夜須郡秋月荘を拝領し、その地に移り住んで姓を「秋月」と改めて秋月種雄（生没不詳）と名乗ることになった。つまり、秋月氏の始祖となる。

秋月氏が治めていた間の秋月は、戦国時代の動乱を経て、豊臣秀吉による秋月氏転封までの約四〇〇年間、ほとんど戦乱のなかにあったと言える。現在見られる城下町の風情は、江戸時代以降、黒田氏の治世によるものである。

元寇

一二七四年、東アジアの元・高麗が博多湾に襲来した。俗に言う元寇である。鎌倉幕府の執権北条時宗（一二五一〜一二八四）は薩摩・大隈・日向・肥後など南九州の御家人などに出兵を命じ、博多に向かうことになった。しかし、橋がなかった筑後川を渡ることが最大の難問となった。そこで、この地を治めていた神代《くましろ》氏が川舟を横に並べてくくりつけ、浮橋を

秋月城跡

造って一行を速やかに通過させたという。この橋を「神代浮橋」と呼び、筑後川でもっとも古い橋とされている。

筑後川河口から上流に向かって約三三キロの地点、久留米市山川町に神代橋が架かっている。この橋の南口左岸に「史蹟　神代浮橋之跡」と彫られた碑が立っている。その背面には、「文永十一年蒙古軍来襲セシ時、神代良忠方便ヲ以テ日隈薩肥筑諸軍ノ渡河ヲ容易ナラシムル所ナリ」と刻まれている。

史蹟　神代浮橋之跡

神風（台風）などが理由で何とか元寇では日本側が勝利したが、鎌倉幕府は活躍した御家人へ十分な恩賞を与えることができなかった。そのため、不満を抱く御家人を集めた第九六代後醍醐天皇（一二八八～一三三九）の軍によって滅ぼされた。建武の新政（一三三三年～一三三六年）である。その後醍醐天皇も、倒幕運動の御家人たちの期待に対応できなかったため、室町幕府初代将軍となった足利尊氏（一三〇五～一三五八）が率いる北朝側と、後醍醐天皇が率いる南朝側に分裂して戦うことになった。俗に言う南北朝時代である。

建武の新政後、後醍醐天皇は各地に自らの皇子を派遣していた。その一人、南朝の征西大将軍宮《せいせいしょうぐんのみや》として九州に派遣されていたのが、当時八歳であった懐良親王《かねよししんのう》（一三二九？～一三八三）である。しかし、一三三九年に後醍醐天皇が亡くなり、一三五四年に南朝の支柱であった北畠親房（一二九三～一三五四）が没すると、北朝に対抗しうる武力勢力は懐良親王と、彼を報じた菊池武光（一三一九？～一三七三）が率いる一族のみとなった。

一三五九年、菊池武光らとともに筑後川の北岸に陣を取り、太宰府を本拠とする北朝勢と九州の覇権をめぐって激しい戦いが繰り広げられた。世に「筑後川の戦い」と呼ばれているこの戦いは、「大保原の戦い」とか「大原合戦」とも呼ばれ、「関ヶ原の戦い」や「川中島の戦い」とともに「日本三大合戦」の一つとなっている。

この戦いは、小郡市から久留米市宮ノ陣の間で行われた。両軍の軍勢数は、南朝軍が四万、北朝軍は六万などと言われている。このとき、懐良親王が陣取った場所が宮ノ陣であり、手向けとして植えた将軍梅が宮ノ陣神社の境内に残されている。また、大中臣神社（小郡市）には、負傷した懐良親王が治癒を祈願し、回復したことから手植えされたと伝わる将軍藤がある。

大保原で勝利した菊池武光は、敗走する北朝軍を追いかけて東進した。このとき、武光が刀を小川で洗ったと伝わる場所には「大刀洗《たちあらい》」という町名が付けられている。また、宮ノ陣には、両軍の死者を葬っている五万騎塚がある。日本三大合戦の一つに数えられている「筑後川の戦い」であるが、

大中臣神社の将軍藤

菊池武光像

知名度の面からすると他の二つから大きく引き離されている。流域をめぐる目的地の一つに、是非加えていただきたい所である。

同時代に形成された環濠集落や城館跡も、見所の一つである。筑後川の下流域では、周囲をクリークでめぐらせた環濠集落が形成された。土地開発を進める過程で、「館《たち》」や「城」へと発展する集落も現れている。とくに神埼地方では、三五か所以上の環濠集落や城館跡が確認されている。圃場整備によって当時の姿を残す場所は少なくなっているが、姉川城跡、横武城跡、本告牟田城跡、直鳥城跡などで発掘調査が行われ、当時の形跡が確認されている。

戦国大名と龍造寺氏

時代が下って室町幕府が衰退してくると、新しい実力者が領国を統治するという戦国大名が誕生した。広い平野と水運のよい筑後川、天然の要塞である高良山を抱えている筑後国でもさまざまな戦いがあった。

もともと少弐氏《しょうにし》の被官であった龍造寺氏は、一五三〇年、水ヶ江城主であった家兼（一四五四〜一五四六）が周防の大内氏を破ってから戦国大名としての道を歩みはじめた。その後、一時的に勢力は衰えるが、隆信（一

上空から見る直鳥城跡

五二九～一五八四）の時代に龍造寺氏は肥前を制圧し、北九州に勢力を広げていった。一五七八年、大友氏が耳川《みみかわ》の戦い（宮崎県木城町）で島津氏に大敗すると、その混乱に乗じて大友氏の勢力圏にあった筑後に侵攻するなど、短期間に戦国大名としての最盛期を築いた。

九州中央部へ進出するために筑後の領有を狙い、蒲池氏の柳川城を攻めて柳川を制圧している。このとき、娘婿でもある蒲池鎮漣《かまちしげなみ》（一五四七～一五八一）を騙まし討ちにしたほか、その一族を殺戮している。蒲池氏に対する仕打ちは、他の筑後の国人たちの離反を招くこととなり、隆信は彼らとの戦いを繰り返すこととなった。そして一五八四年、沖田畷の戦いで島津氏に敗れ、隆信は戦死した。勢力の拡大が短期間であったため家臣団の組織化が未完成であったこともあって龍造寺氏の基盤はもろく、崩壊への道も早かったと言える。

隆信の死後、沖田畷の戦場から逃げ延びた鍋島直茂（一五三八～一六一八）が豊臣秀吉の承認のもと佐賀の国政を代行した。隆信の子である龍造寺政家（一五五六～一六〇七）に代わって軍役を担当するなど、事実上の肥前東部の領主となっていた。一六〇七年、政家・高房親子が亡くなると龍造寺氏の本家は断絶となり、鍋島氏が龍造寺氏の遺領を継承した。怪談話として有名な「鍋島藩の化け猫騒動」は、この龍造寺氏と鍋島氏の確執を背景にしたつくられたものである。

龍造寺氏を破った島津氏は豊後国へも進出した。このため、大友氏は豊臣秀吉に支援を求めた。秀吉軍に敗れた島津氏は降伏し、九州は平定された。このとき秀吉が連れてきた犬の伝説が筑後市に残っている。羽が生えているかのようにすばしっこい犬ということで「羽犬《はいぬ》伝説」と言われており、宗岳寺（福岡県筑後市羽犬塚五二一）の境内には「羽犬《はいぬ》の塚」がある。この羽犬伝説には「悪犬伝説」と「良犬伝説」があり、筑後市のホームページには以下のように説明されている。

悪犬伝説――昔この地に羽の生えたどう猛な犬がいたというものです。「羽犬は旅人を襲ったり家畜を食い殺したりして住民から恐れられていた。天正一五年（一五八七）四月、天下統一をめざす豊臣秀吉は薩摩（さつま）の島津氏討伐のため九州に遠征してきたが、この時、羽犬によって行く手を阻まれた。大軍を繰り出しやっとの思いでそれを退治した秀吉は、羽犬の賢さと強さに感心し、この犬のために塚をつくり丁寧に葬った」とのことです。

良犬伝説――九州遠征に羽が生えたように跳び回る犬を秀吉が連れて来たというものです。「その犬は、この地で病気にかかり死んでしまった。大変かわいがっていた秀吉は悲しみに暮れ、それを見かねた家来たちは、その犬のために塚をつくり葬った」とのことです。

（福岡県筑後市公式ホームページ、キラリ！筑後遺産「羽犬伝説と羽犬の塚」広報ちくご（二〇〇〇年九月号）より）

羽犬像（筑後市）

5 江戸時代初期

筑後国

江戸時代になって、筑後川の流域では治水、利水、街道の整備が活発化した。筑後国に入ったのが田中吉政（一五四八～一六〇九）である。関ヶ原の戦い（一六〇〇年）で東軍についた田中吉政は、石田三成（一五六〇～一六〇〇）を生け捕った功績として、徳川家康から「豊前国に豊後の一部を加えた領地か、筑後一国のいずれかを与える」と言われ、筑後国三二万石を所望し、立花家に代わって柳川城主となった。干潟があり、葦が繁茂する有明海沿岸は、新田開発によって石高が増すという、ポテンシャルが高い地域と吉政は考えたのかもしれない。

吉政は現在の近江八幡市や愛知県岡崎市などで都市計画を行ってきた。田中家が筑後国を支配したのは、吉政と忠政（一五八五～一六二〇）の二〇年間であるが、ここでも数多くの功績を残している。

観光名所としても有名な柳川の掘割や、三二キロにわたる大川市から高田町までの堤防整備による干拓事業のほか、柳川往還や黒木街道などといった道路の整備、瀬の下掘削、花宗川《はなむねがわ》の開通といった治水事業、浮島、道海島、大野島、下田・芦塚などの新田開発も行っている。なお花宗川は、前城主の立花宗茂（一五六七～一六四三）が着手した半人工の河川であり、忠政が宗茂に敬意を表して付けられた名称である。

大坂冬の陣（一六一四年）では徳川方として参戦した忠政だが、翌年、夏の陣の際には家臣団の一部で豊臣側につくべきだという反論が起こるなどの理由から遅参したことが理由で、七年間の江戸滞留を命じられた。その五年後の一六二〇年、三六歳で死去した。嗣子《しし》がなかったため田中家は無嗣断絶となり、改易された。禁教令のなかでキリスト教を保護したこともあり、幕府の不興を買って改易に結び付いたという指摘もある。久留米市の千光寺に忠政の供養塔が立っている。

田中家が改易されたあと筑後国は二分割され、有馬豊氏《ありまとようじ》（一五六九～一六二四）が丹波国福知山から久留米に入って北部を治めた。豊氏は城の建設に必要な瓦職人を丹波国から連れてきたが、これが城島瓦のはじまりとなっている。城島瓦は、筑後川が育んだ粘土を原料にして造られている。その運搬は、有明海が干潮で船底がガタついたときに積み、満潮時に出航するといったように、潮位変動をうまく利用して領内外の各地に運搬された。

一方、筑後国南部を治めたのが立花宗茂である。九州平定戦の功賞として豊臣秀吉から柳川の地を与えられていた宗茂であるが、関ヶ原の戦いのときに西軍に付いたために改易されていた。しかし、宗茂の実力を知る徳川秀忠（一五七九～一六三二）の寛大な措置により、一六二〇年、柳川藩一一万石の大名として復帰した。

写真で紹介している「御花」は、柳川藩主の別邸として造営されたものである。明治時代の末、西洋館、大広間、庭園・松濤園（一

城島瓦

九七八年に国の名勝）といった現在の姿に整えられ、一九五〇年、一六代当主和雄氏のときに料亭・旅館として営業をはじめることになった。

柳川観光の拠点となっている「御花」は、掘り割りの川下りや北原白秋（一八八五～一九四二）の生家とともに多くの観光客で賑わっている。とくに、庭を眺めながら食べる「うなぎのセイロ蒸し」は格別である。また、『なんでも鑑定団』（テレビ東京）でも紹介された「立花家史料館」も見応えがある施設となっている。

肥前国

肥前国では、鍋島直茂（一五三八～一六一八）が龍造寺本家の領地を継承して佐賀鍋島藩主となった。鍋島藩は、幕末には薩長土肥の雄藩として活躍したことで知られている。

鍋島氏の家臣として、数多くの治水、利水事業の功績を残したのが成富兵庫茂安（一五五九～一六三四）である。干満差が大きい有明海と広大な低平地を抱えている佐賀平野は、洪水や灌漑用水の制御が難しい状況となっていた。茂安の努力によって、有明海と平野全体のバランスを考えた治水、利水システムが造られている。

柳川市の「御花」

定期的に行われている堀割の清掃

また、みやき町（旧北茂安町、旧三根町）にも一二キロにわたる千栗堤防が築かれ、筑後川の氾濫から住民を守った。茂安は、白石神社（みやき町）に「治水の神様」として祀られている。

一六三五年から徳川家光（一六〇四～一六五一）によってはじめられた参勤交代は、徳川将軍家に対する軍役奉仕を目的に制度化されたものである。この制度によって、各地と江戸を結ぶ街道が整備されていくことになった。

流域内では、薩摩、長崎街道、日田街道、秋月街道などが整備された。そして、海外から届いた砂糖が長崎から長崎街道を通じて運ばれたため、街道沿いにはお菓子文化が生まれた。坂本龍馬（一八三六～一八六七）などの偉人たちも、この街道を歩いたことが知られている。また、街道沿いには、城下町や宿場町、在郷町、商人町が形成されるなど発展していった。

筑後川の四大井堰と矢部川の廻水路

稲作が主産業だった江戸時代、各藩は新田開発を進めて年貢の増加を図った。流域における稲作において必要な水は、下流域で

上空から見た山田堰

はアオ取水（八六ページ参照）が、中流域では川を堰き止めて取水する方法が採られた。

久留米藩が造ったのが袋野堰、大石堰、床島堰であり、福岡藩が山田堰を造った。筑後川を挟んで藩が違うこと、また川幅が広くて流れが速いことから、筑後川を堰き止める工事は容易ではなかったが、丹羽頼母《にわたのも》（一五八六～一六八一）、草野又六(8)などの指導者や庄屋、農民など多くの人が工事にかかわったことで完成している。

このとき、自然の力に逆らわずに取水することを目的として斜め堰の形状が造られている。斜め堰は一九五三（昭和二八）年の洪水で壊れ、コンクリートの直角堰に造り替えられているが、山田堰では当時の形状が残されている。山田堰から取水された水を汲み上げる三連水車は、朝倉の観光名所ともなっている。

先人の知恵や苦労は、第5章で紹介する「五庄屋物語」など、地域の人たちによって語り継がれている。また現在、アフガニスタンでペシャワール会と地域の人々が造った斜め堰は、この山田堰がモデルとなっている。

（8）（一六七八～一七三〇）土木工事の秀れた技術が認められて久留米藩士に採用された。

三連水車

山田堰をモデルにした
クナール川の取水口

久留米藩領（右岸側）と柳河藩領（左岸側）の境界となっていた矢部川は「御《お》境川《さかいがわ》」とも呼ばれている。両藩とも自藩領の水をムダなく取水するために、矢部川の上流に「廻水路」を造った。廻水路とは、自藩の堰で取水した水を、相手の堰を迂回させて下流の自藩の堰へ導くための水路である。全国的にも珍しい矢部川の廻水路は、水を大切にした先人の苦労がうかがえる貴重な取水システムと言える。

6 江戸時代中期から明治時代へ

日田の発展

江戸時代中期になると、貨幣経済が農村まで浸透したこと、そして各藩が度重なる飢饉や財政難対策としてハゼ、菜種、茶などの商品作物の栽培を奨励したことから、各地でさまざまな特産物や産業が振興され、それらを運搬、加工する舟運や在郷町《ざいごうまち》が発展していった。

また、学問の面でも大いなる発展があった。一八〇五年、三六歳のときに私

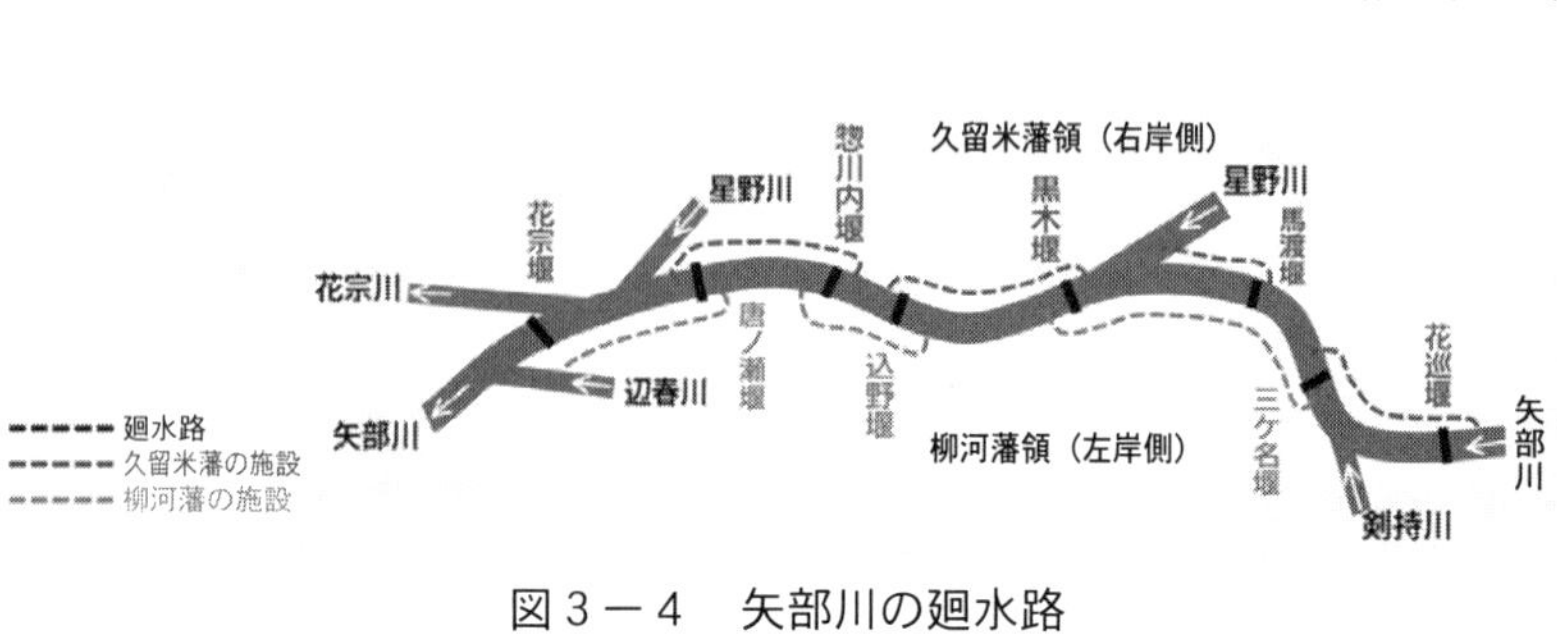

図３－４　矢部川の廻水路

塾「咸宜園《かんぎえん》」を創立したのが儒学者の広瀬淡窓《ひろせたんそう》（一七八二〜一八五六）である。「咸宜」とは「みなよろし」という意味で、身分・出身・年齢・性別に関係なく塾生を受け入れた。これは、日田の地が天領であったからである。

豊後国日田郡豆田町に生まれた淡窓は少年のころより聡明で、一〇歳のときに詩や文学を学んだ。その後、一九歳のときに大病を患い、命も危ぶまれたが、肥後国の医師によって命を救われた。一度は医師になることを志すが、その医師の言葉によって学者・教育者の道を選んだ。

咸宜園は長福寺（豆田町）に開かれた塾が最初で、のちに「桂林荘」へと発展している。淡窓の死後も咸宜園は塾主によって一八九七（明治三〇）年まで存続、運営され、全国各地から集まった入門者は延べ四八〇〇人を超えるという日本最大級の私塾となった。年齢、学歴、身分に関係ない徹底した「平等主義」＋「実力主義」の教育システムは、高野長英（一八〇四〜一八五〇）や大村益次郎（一八二四〜一八六九）、そして大正時代に総理大臣となった清浦奎吾（一八五〇〜一九四二）らを輩出している。

咸宜園の建物は、東塾敷地にある秋風庵・遠思楼が現存しており、一般公開されている。また、二〇一五年四月二四日には「近世日本の教育遺産群」の一つとして日本遺産にも指定されている。

日田市御幸通り

咸宜園

土壌と降雨に恵まれた日田・玖珠地方は、江戸時代に日田郡代が挿し木を奨励したことが理由で杉の植林が盛んに行われた。後年、西南戦争や第一次世界大戦での需要増加などによって、さらに植林が盛んとなった。

ここで伐採された丸太は、筏に組み、筑後川を下り、四大堰の「舟通し」を通って大川まで運ばれた。榎津《えのきつ》（大川市）は筑紫平野の産物を川船から海船に積み替える重要港となり、造船業が栄えた。現在、「五大家具産地」の一つとされている大川家具は、室町時代の船大工の技術を活かした榎津指物《さしもの》にはじまるとされ、江戸時代後期に箱物技術を学んだ田上嘉作（一八一二〜？）と代々の名工によってその礎が築かれている。

うきはの発展

うきは地方では、大石堰、大石長野水道と、享保の大飢饉を切っ掛けにはじめられた櫨蝋《はぜろう》(9)などの生産により、農作物の栽培や精油、酒造などの加工業が発達した。

久留米と天領日田を結ぶ日田街道の宿場である吉井町は、これらの有力商人によって繁栄した。江戸時代に経験した三度の大火から、防火対策として土蔵造りや鉄の扉、さらに災除川《さいよけがわ》、南新川、美津留川《みつるがわ》が相互につながる防火

三隈川の難所を下る筏流し

現在の舟通し

用水路も整備されるようになった。豊かな水と歴史の町吉井では、ボランティアガイドとして「筑後よしい案内人」の方々が町のよさをＰＲしている。

佐賀藩の発展

佐賀藩は、一八〇八年、イギリスの軍艦「フェートン号」が長崎に不法入港した事件を機に、一〇代藩主鍋島直正（一八一五～一八七一）によって財政立て直しが図られたほか、軍事力を強化していった。長崎を警護していた佐賀藩は西洋の最新技術や世界情勢をいち早く入手できたことから、反射炉を築いて二〇〇門以上の大砲を製作したほか、筑後川下流の川副町三重津で日本初の蒸気船や海軍所を造るなど、幕府をしのぐほどの軍事力と科学技術力をもつに至った。

これに大きく貢献したのが佐野常民《さのつねたみ》（一八二三～一九〇二）である。常民は、久留米の田中久重[10]ら四名の優秀な人材を呼び寄せ、西洋の科学・化学を研究

三重津海軍所の絵図

（9）ロウソクの原料となるハゼはウルシ科の落葉高木で、神谷宗湛（一五五一～一六三五）が一五〇〇年末期にハゼの実を中国南部あたりから輸入し、肥前の唐津地において栽培し、その後筑前にも広がった。

（10）（一七九九～一八八一）八歳で開かずの硯箱をつくったという発明の虫で、「東洋のエジソン」とか「からくり儀右衛門」と呼ばれた。東芝の創始者としても有名である。

する「精錬方」をつくったほか、明治時代には、西南の役の惨状に心を痛め、敵味方の区別なく救護する「博愛社」（のちの日本赤十字社）を創設した。常民の業績は佐野常民記念館で紹介されているので、是非訪ねていただきたい。[11]

明治時代になると、政府は治水先進国であったオランダからヨハニス・デ・レイケ（Johannis de Rijke,1842～1913）らの治水技術者を招き、近代的な治水技術を導入していくことになった。オランダの治水技術は、河道に水制を設けて流路の安定を図り、河床を掘削して流量を確保するというもので、筑後川下流にはデ・レイケが設計した導流堤が残っている（八四ページの写真参照）。

デ・レイケ導流堤は、有明海の影響からガタが堆積し、河道が狭くなりやすい筑後川下流（延長六・五キロ）の河道の中心を石積みして、ガタを下流へ流しやすくした構造となっており、現在でも船舶の航行に大きく貢献している。

この時代になると人の往来が自由となり、軍事的な配慮から架橋されなかった筑後川でも、一八七八（明治一一）年に船を並べた最初の橋が架けられたことをはじめとして、各地に橋が架けられるようになった。また、鉄道も整備されるなど陸上交通も発達していった。

佐野常民記念館

産業振興

本章の最後として、流域において発展した主な産業を紹介しておこう。古代より筑後川の流域では、さまざまな面において人間が生活するうえでの発展を繰り返してきた。それらがすべて蓄積された結果、以下で紹介する産業が現在においても継続していると考えられる。

久留米絣――始祖である井上伝《いのうえでん》（一七八九～一八六九）は、一二歳のころ、誰もが見慣れた藍染の着古した白い斑点を見たことがきっかけで独自の絣の図案を考案した。二五歳のとき、絵模様の絣に苦労した伝は、近くに住む一五歳の田中久重に織機を注文している。

二一歳のときに嫁いで二男一女をもうけていたが、二八歳のときに夫を失った。三人の子どもをかかえながらも絣づくりに励んだ伝の絣の美しさは大評判となり、四〇歳のころには弟子が三四〇〇人を超えていた。弟子たちが全国に久留米絣を伝え、久留米の特産品となった。代々技術が継承され、現在では伝統工芸品に指定されている。

久留米絣の藍染め体験

（11）〒八四〇―二二〇三　佐賀市川副町早津江津四四六―一　電話：〇九五二―三四―九四五五　入館料：無料（展示室は有料）。

ハゼ、苗木植木——厳しい年貢の徴収や度重なる飢饉が起こるなか、生葉、竹野、山本郡に住む農民たちの生活の糧となったのが、先にも紹介した、ロウソクの原料となるハゼの栽培である。

竹野郡の大庄屋である竹下武兵衛周直は、「接ぎ木」によるハゼの栽培方法を農民に伝授したところ一気に広まり、筑後は「ハゼの国」と言われるまでになった。堤防沿いや畑など広い範囲で植えられたハゼの木も、明治時代に西洋ロウソクが入ってくると伐採されていった。しかし田主丸では、その後、さまざまな種類の苗木植木技術を磨いて子孫に伝え、町を代表する産業へと成長している。

八女茶《やめちゃ》、和紙、仏壇、提灯——八女周辺では、地質や気象、矢部川などの自然条件に恵まれたことから茶や和紙などの生産が活発化した。また、それらを売買する八女市福島地区では、和紙、木蝋、

ロウソクの製作風景

八女提灯
（提供：八女提灯協同組合）

竹などの材料に恵まれたことから提灯づくりも行われ、現在、改良を重ねて「八女提灯」として親しまれている。

田代の売薬業——江戸時代、田代（鳥栖市～基山町）は朝鮮半島と交易があった対馬藩の飛び地であり、朝鮮系統の家伝薬、秘伝薬の存在、そして交通の要衝でもあったことから、富山、大和（奈良県）、近江（滋賀県）と並んで「日本の四大売薬」の地として発展してきた。現在も、この地域には久光製薬をはじめとして多くの製薬業者が存在しており、佐賀県を代表する産業の一つとなっている。

足袋からゴム産業——明治時代になると久留米では、倉田雲平が槌屋足袋店を、初代石橋徳次郎が仕立物屋「嶋屋」（のちに「志まやたび」に改称）を創業している。やがて、二代目石橋徳次郎が発明した貼付式ゴム底足袋（地下足袋）が三池炭鉱の炭鉱夫に好評になったことで全国的に普及し、久留米はゴム産業の町として発展した。

昭和初期にブリッヂストンタイヤ株式会社（現ブリヂストン）を創業した石橋正二郎（一八八九～一九七六・初代の次男）は、人のため、世のため、故郷の幸せを願い、筑後川で泳ぐことができなかった子どもたちのために、市内の中学や小学校にプールを建設したほか、市長公舎（現・石橋記念くるめっ子館）、有馬記念館、ブリヂストン通り、石橋文化センター、久留米大学医学部（次ページの写真参照）など数多くの寄贈を行って地域に貢献した。

このように久留米市は、世界的企業の誕生の地として、また全国トップレベルの医師数と医療機関が集積した高度医療都市として現在に至っているわけだが、この事実はあまり全国に知られていない。

また、筑後川流域は二〇〇〇年以上の生活や営みが行われてきたという歴史の宝庫であり、ここでの紹介はその一部でしかない。

本章で紹介した筑後川流域における歴史的背景、街をめぐるだけでは気がつかないことが多いだろう。本書をはじめとして、筑後川流域連携倶楽部ではさまざまなパンフレットを作成しているので、それらを事前に読むなどして街めぐりをしていただきたい。きっと、驚くような発見があり、旅を豊かなものにしてくれることだろう。

久留米大学医学部（提供：久留米大学広報室）

第4章

筑後川上流域の自然と風土

鍋が滝（熊本県小国町）

1 筑後川上流域をめぐる

筑後川の上流域は、阿蘇外輪山と九重山系が連なる火山地帯を水源としている。その火山土壌と山々で行われていた焼畑が、江戸期以降、雨量に恵まれた土壌とさし木技術の導入とあいまって、スギ人工林の拡大につながった。上流域の山の文化圏であるスギ林の世界は、一部に残る原生林を除き、こうした人々の努力によって育て上げられた水源林地帯であると言える。

上流域は、本流の大山川水系と最大の支流である玖珠川水系に大きく二分されるが、合流点である水郷、日田市で三隈川（筑後川本流）となり、県境の夜明ダムからはじまる上流域は筑後川一四三キロの半分以上を占めている。

筑後川本流の源流「清流《きよら》の森」

本流である大山川水系の源流は、全国屈指の黒川温泉を流れる田の原川の上流にある「清流の森」（熊本県南小国町）のなかにある。九重連山の熊本県側山麓より流れ出た、数条の小さな水流が合流した「平野台水源」が最源流である。「清流の森」の一帯は、「どんぐりの森」や「きよらの森」などの八つの森で形成されており、約二〇年前に南小国町が「健康とゆとりの森」として整備した地域である（四〇ページの写真も参照)。

南小国町は自然環境を基調とした「きよらの里づくり」を行っており、筑後川の源流地としての水質保全や水環境対策にも取り組んでいる。そんな水源地に立つと、遠くには阿蘇五岳が連なり、背後の九重山麓から水が生み出される地を身体いっぱいに実感することができる。そして「清流の森」を散策すると、「すずめ地獄」や「源流の森／奇岩の森」などがあり、水源地の豊かな自然と火山地帯の風土がゆっくりと心にしみ入ってくる。

もう一つの源流「久住高原」

「清流の森」から上ると、広大な「瀬の本高原」から九重、阿蘇の高原地帯を結び、湯布院、別府に至る「やまなみハイウエー」に出る。この高原ハイウエーの最高点は「牧の戸峠」（一三三〇メートル）で、九州の道路の最高地点であり、九重連山の登山

大山川の源流「清流の森」

田の原川の水源地付近

口ともなっている。ここから見る阿蘇山と瀬の本高原の雄大な景観は、まさに絶景である。

冬、霧氷で有名なこの峠を越えると大分県側に入り、間近にミヤマキリシマの咲く九重連山、遠くには由布岳（一五八三メートル）が見え、その所々から上る噴標を見ると温泉地帯であることが分かる。下ると、美しい久住高原（タデ原湿原）が広がっている。ここが、筑後川のもう一つの水源、最大の支流玖珠川の上流にあたる鳴子川の源流域である。

九重連山の大分県側からは、白水川、奥郷川、鳴子川の三つが流れ出ているが、いずれも鳴子川から玖珠川《くすがわ》に合流している。ラムサール条約にも登録されている「タデ原湿原」の自然観察木道から眺める久住高原と周囲の山々は、その雄大さに思わず感動してしまう。

種々の花が咲き乱れる本道を少し登ると、九重登山の拠点となる「坊がツル」があり、九州最高点の「宝華院温泉」に至る。原生林のなかに入ると、所々から九重連山からの地下水が湧き出しており、心洗われる光景に出合うことができる。

ここ「久住高原」と本流の「平野台水源」には、それぞれ「筑後

木道と九重連山

川源流の碑」が立てられており、訪れた人々を迎えてくれる（二一一ページの写真参照）。久住高原から少し下ると「泉水橋」を渡る。ここからの奥郷谷の深い渓谷と正面に聳える九重連山は圧巻であり、上流域でも屈指の新緑と紅葉の名所となっている。

さらに行くと、「久住スキー場」や筋《すじ》湯、湯坪の温泉郷があり、やがて噴煙が上る「八丁原地熱発電所」となる。ここは、地熱発電所としては全国一の一一万キロの発電能力があり、他の二つの地熱発電所とともに、上流域一帯の大きな電力源となっている。見学（解説付き）も可能なので、是非、その力強い地熱エネルギーを実感していただきたい（玖珠川流域については第7章を参照）。

田の原川から小国、杖立川《つえたてがわ》、大山川へ

本流に戻って、黒川温泉から田の原川沿いに下ると、やがて「夫婦滝」に着く。ここは、全国的にもめずらしい二つの川が滝となって合流している所である。左の滝が、下ってきた九重山麓を源とする田の原川、右の滝が阿蘇外輪山から流れ出る小田川である。この滝は、夫婦伝説も伝わるカップルの聖地ともなっていて訪れる人が絶えない（四二ページの写真参照）。

地熱発電所

黒川温泉

水量の多い小田川が合流するこの滝から、筑後川源流は阿蘇外輪山からの水流が多くを占めることになる。小国町に入り、さらに阿蘇外輪山からの流れをあわせて杖立川となる。小国町は「小国杉」の産地として有名であるが、その特色を生かした「悠木の里づくり」で全国に知られている。

「小国杉」を使った道の駅「ゆうステーション」や、全国一となる木造トラスト構法の「小国ドーム」、さらに「木魂館」では、小国の自然を生かした地域づくりを行っている。とくに、「木魂館」は地域づくりのリーダーを育成する「九州ツーリズム大学」の拠点となっており、創立以来十数年で五〇〇〇人以上の人材を育成したという実績があり、全国に向けて「農村ツーリズム」による地域づくりを発信している。

杖立川沿いをさらに下ると、「下城の大イチョウ、大滝」を経て、やがて「杖立温泉」に着く。川の両岸に温泉街が並ぶこの温泉は、熊本と大分の県境にある。全国一の「鯉のぼりまつり」も有名で、年間を通して多くの湯治客が訪れている。

杖立川と、大分、熊本、福岡の県境に連なる津江山系から流れる津江川との合流点に「松原ダム湖」がある（四六ページの写真参照）。全国最

全国最大の木造トラスト
「小国ドーム」

全国初の木造トラスト
「ゆうステーション」

大のダム反対斗争となった「蜂の巣城斗争」を伝える津江川をあわせた「松原ダム湖」は、周囲の山々を湖面に映し出すという美しい景観を表出し、観光シーズンともなると遊覧船は多くの乗客で賑わっている。とはいえ、津江川の「下筌ダム湖」とともに、アオコなどの水質汚染問題も抱えている。

松原ダムより下流は「大山川」と名称を変える。江戸時代、全国一と言われた「響鮎《ひびきあゆ》」を生んだ清流の面影は残っていない。流域の人々は、豊かな大山川の再生を目指して発電用取水を川に戻す運動を繰り広げ、十数年前には従来の三倍となる毎秒四・五トンの「水流増加」に成功している。

川のせせらぎと鮎の遡上を取り戻したこの運動は、全国にも影響を及ぼした。そして今、清流と鮎の香りを取り戻すため、毎秒一〇トンを目指して再度の「水流増加、清流復活運動」を展開している。

大山町は、「ウメ・クリ植えてハワイに」の一村一品運動でも知られており、九州一となる六〇〇〇本ほどの梅林がある。毎年春には「梅まつり」が開催され、華やかな梅林と梅の香を求めて多くの人が訪れている（津江川流域については第7章を参照）。

木魂館

杖立温泉の「鯉のぼりまつり」

水郷日田と夜明ダム

「水郷」と言われる日田市は、大山川と最大支流の玖珠川との合流点であるだけでなく、中部九州の山と川の道が合流する所でもある。昔から交通と物流の拠点であり、平安期には藤原氏の命で大蔵氏が城を築き、大宰府に次ぐ要衝であった。豊臣秀吉の九州統一以降も蔵入地《くらいりち》（豊臣家の直轄地）として栄え、鵜飼はその時代からの伝統となっている。また、江戸後期からは「日田杉」で九州一の産地となり、筑後川下流の大川とを結んだ「筏流し」は全国一となる木材流通ルートであった。

こうした日田の自然と歴史を色濃く残しているエリアが、支流花月川沿いの豆田町である。一帯が国指定の「伝統的建造物群保存地区」となっており、街中には電柱がなく、江戸時代以降の街並みや建物が残っている（一二七ページの写真参照）。

江戸時代、豆田町には全国で四か所しかない郡代役所が置かれ、九州各大名の目付役としての役割をもっていた。また、九州中から集まる年貢を扱い、大名相手の貸付によって栄えた「掛屋」と呼ばれる豪商も数軒あり、大阪以西ではもっとも繁栄した所であった。その名残となるのが各旧家に残る「おひなさま」で、全国的な「ひな祭り」ブームの発祥の地としても有名である。

国文化財の長福寺や草野本家をはじめとする多くの旧家や酒蔵、資料館をゆっくりめぐりながら「天領」の街並みと文化を体験していただきたい。豆田町から筑後川本流三隈川沿いの温泉街に向かう途中には、国史跡の「咸宜園《かんぎえん》」がある（一二七ページの写真参照）。第3章で述べたように、ここは江戸末期に儒学者の広瀬淡窓が開いた全国最大の私塾で、最盛期には全国から五〇〇名以上の人々が学んだ。幕末から明治にかけて多くの偉人、文人を輩出したこの咸宜園は、その名の通り身分、年齢、資格、性別を問わず、すべての入門者を同等に教育した塾であり、その理念は今も日田に住む人々の大きな誇りとなっている。

三隈川沿いに出ると、多くの温泉旅館が立ち並んでいる。鮎のシーズン（五月下旬〜一〇月末）には名物の鵜飼が行われるほか、屋形船や鮎の簗場《やなば》も設けられ、多くの人々が川辺りの風景を楽しんでいる。

かつて「筏流し」が行われていた亀山公園横のせせらぎは、「日本の水辺百選」に選ばれた所で、「水郷日田」のシンボル的な景観となっている。また、前述した「水量増加、清流復活」を目指す市民運動は、市内全自治会、商工会、観光協会、漁協や各市民団体を結集した全市民的な「水郷ひた再生委員会」によって取り組まれている運動である。

日隈、月隈、星隈の三つの隈（立）を流れる三隈川（筑後川）を下っていくと、夜明地区に出る。ＪＲ久大線とＪＲ日田彦山線が交わる所であり、支流大肥川が合流する場所でもある。ダムができるまでは「夜明地峡」と呼ばれるほどの筑後川流域一の景勝地であり、かつては日田の旅館街から遊覧船も運行していた。

少し行くと、左手に柳又発電所とその放流口が見える。この発電所の

名物となっている鵜飼

家具産地を育てたかつての筏流し

落差を得るため、本流の水は十数キロにわたって導水管でカットされ、日田市内の水量を大きく減少させた。これが、「水量増加、清流復活」運動の源である。さらに下ると、同じ左手に旧袋野用水の取入口がわずかに見える。夜明ダムによって水没した旧袋野堰と一・八キロものトンネル用水路は、江戸時代、難工事の末に造られたものである。川が大きく蛇行する地点に造られたこのダムによって、筑後川の舟運や筏流し、さらには鮎やウナギの遡上も止められることとなった。戦後の電力需要のために造られた夜明ダムだが、発電量は一万二〇〇〇キロワットしかなく、上流天瀬の水路式湯山発電所の三分の二以下であり、数年前、日田の各市民団体が合同で、このダムを撤去して川の復活を要望したこともある。

小野川流域と「小鹿田《おんた》焼《やき》の里」

天領の街、豆田町を流れる支流花目川を上流に行くと、やがて小野川と合流する。この小野川は昔から清流として知られ、流域一帯では河川環境保全の取り組みが地域ぐるみで行われ、大分県では初となる「国指定モデル地区」となった。そのシンボルが、初夏の小

夜明ダム

野川沿いに乱舞するホタルである。

川を少し上ると、萱葺き屋根の水車小屋があった。江戸末期に造られた県内最古のこの木造精米水車は水害で流されたが、周囲の十数戸が精米の際に共同利用していた。小野川流域の文化を代表するこの水車の川沿いからは、七万年前の阿蘇火砕流で焼けて炭化した大木が多数発見されている。

さらに上流に行くと、「小野民芸村　ことといの里」がある。川沿いには河川プールもあって、毎年夏には九州各地から多くの人々が訪れている。ここから上流の山林は、赤い小さな光を点滅させる陸性のヒメボタル生息地として貴重な場所となっている。

この小野川の源流に、国文化財「小鹿田焼の里」がある。柳宗悦（一八八九～一九六一）やバーナード・リーチ（Bernard Howell Leach,1887～1979）が「民芸の精華」と讃えた小鹿田は九州初の「文化的景観の里」であり、全戸から響く約四〇基の唐臼の音は「日本の音百選」としても有名である。

江戸時代初期、農家の農閑期の副業としてはじまった小鹿田焼は、小石原焼の技法を受け継ぎ、現在もすべての工程や原料を周囲の自然と人力だけで行われている。まさに「民芸の里」の原型と言える所である。

流れを利用する唐臼

小鹿田焼の里

周囲の山々から陶土を取り、唐臼で砕き、人力で粘土にして、足げりロクロで成型し、天日で干し、日田材で焼き上げるという一連の工程は江戸時代からの一子相伝、家内労働で行われている。その意味でも、この「小鹿田焼の里」は、筑後川流域における「自然と人間との共生」モデルの代表と言えるエリアである。最近リニューアルした「小鹿田焼資料館」も含め、是非一度は唐臼の音が響く小鹿田を訪れて、その文化や風土にひたっていただきたい。

赤石川流域——前津江から釈迦岳

日田市や大山町で筑後川本流に合流する赤石川は、釈迦岳（一二三一メートル）に源を発する屈指の清流である。この川を合流点から遡上《そじょう》すると、ほどなく異様な光景に出合う。道路の真上には、直径五メートルもの巨大な導水管が空を横切り、背後には大山ダムの本体が壁のようにそびえ立っている。ある意味、これは筑後川上流、日田地域を象徴する光景である。

この地域一の清流を福岡都市圏への導水ダムがさえぎり、日田市内を大きく迂回して大山川本流の水が川を流れることはなく、巨大な一三キロ余りの導水管で柳又発電所に送られている。この導水管の水をめぐって日田市民が再度「水量増加運動」を立ち上げており、大山ダムには市民の強い要望で流入水（清流）バイパスが設けられ、ダム湖の浄化のために複数のばっ気装置が設置された。開発と自然破壊、その害を少しでも軽減しようとする試みで、夜明ダムとともに日田市が直面し、取り組んでいる光景がここにある。

大山ダム湖からさらに遡上すると、やがて前津江の集落に出る。最上流にあるこの集落には小水力発電を行っているヤマメ料理の民宿があり、さらに登ると大きな風車がそびえ立っている。これが九州初の風力発電所であり、一帯は「スノーピーク奥日田」という一大観光施設となっている。

前津江の風力発電機はドイツ製二四五キロワットが二機で、「スノーピーク奥日田」内の電力を賄っているが、日田地方でも最大の風況を有するこの地域としては送電線の関係で低い電力となっている。しかし、一九九九年、この前津江で「全国風サミット」が開催されたことが契機となって、九州全域での風力発電の拡大につながった。

ここはまた津江山系の最高峰釈迦岳への登山口であり、毎春「釈迦岳山開き」が行われている。「スノーピーク奥日田」から車で一〇分ほど上り、山路を二〇～三〇分登ると釈迦岳の山頂に立てる。この釈迦岳は福岡県の最高峰でもあり、初心者でも手軽に登れるので是非一度は登って欲しい山である。山頂に立って、御前岳《ごぜんだけ》（一二〇九メートル）への稜線と両側に広がる雄大な原生林を見れば、その理由が分かるだろう。

筑後川上流域でも最大の原生林の広大さ（その一部は全国一のシオジ原生林）と山々の連なりは、源流域の自然の広大な豊かさを実感させてくれる。

また、御前岳の山麗には、筑後川屈指の水源であ

シオジ原生林（前津江町）

る御前岳湧水もある。まさに、ここ赤石川は筑後川源流の典型であり、「自然と人間とのかかわり」を物語る多くのものを私たちに教えてくれる川と言える。

2 筑後川と森林（水源の森）

(1) 病んでいる水源の森

森林の中に行ったことがあるか

「木を見て森を見ず」という言葉がある。小さいことに心を奪われて、全体を見通さないことのたとえである。大河、筑後川流域の三分の二は森林で、日本の平均と同じであるが、上流域だけで見ると約八割となる。普段は遠くから眺めるだけで、森の中に入って歩くことは少ない。すべての森林に所有者がおり、かたくなに一般人の侵入を拒んできた結果である。もちろ

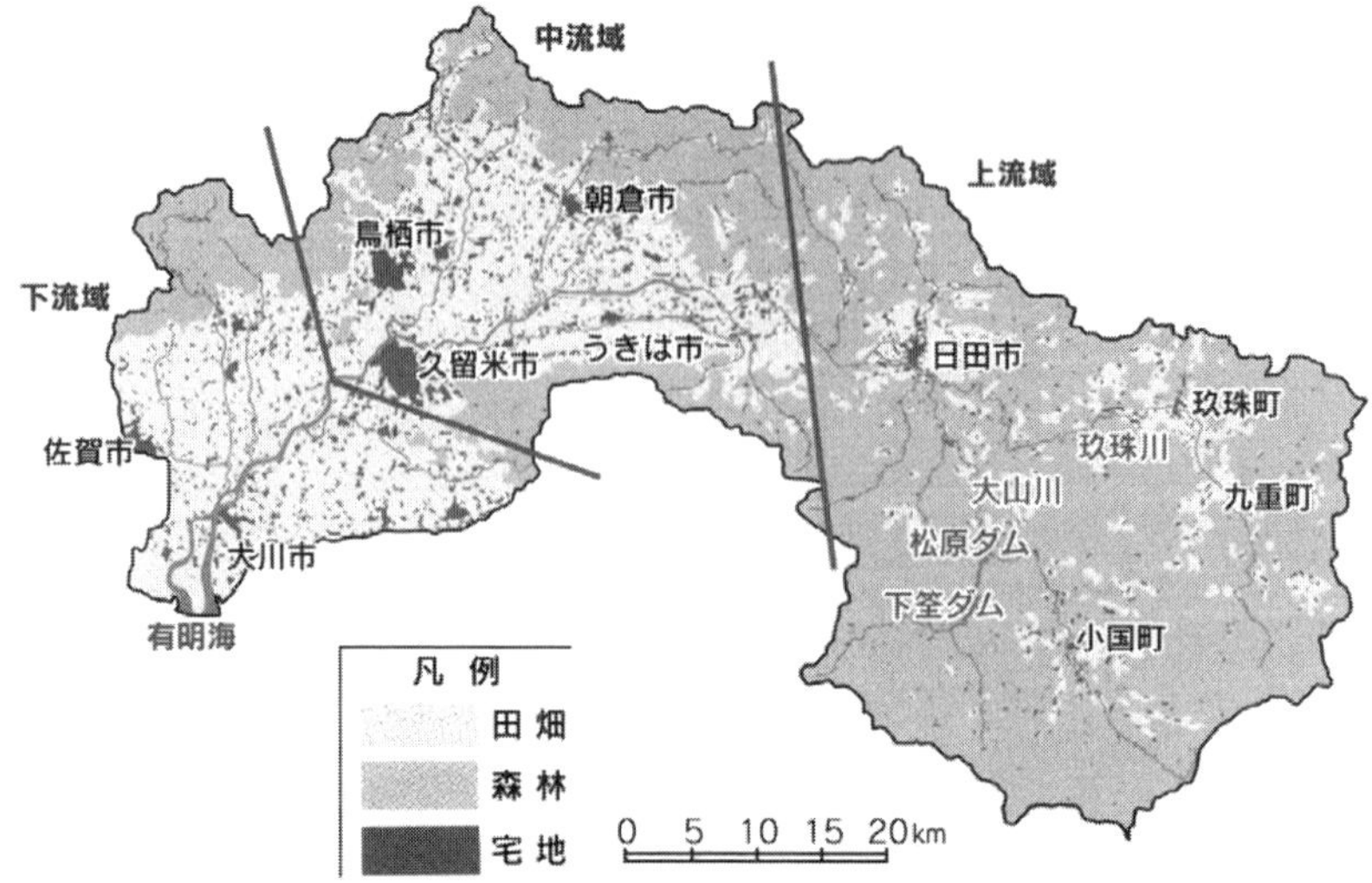

図４－１　筑後川流域の森林分布

ん、山火事の発生や盗伐を防ぐということがその理由である。

その森林が病んで、重症に陥っている。原因は、森林の多くが木材を生産する林業の場である人工林であり、すべての国民がその恩恵に浴してきた結果でもある。狭い国土において、再生産が可能な資源として利用を追い求めてきたという歴史は仕方のないことであった。しかし現在、森林づくりを一身に担ってきた林業者が、過疎化と高齢化のなかで時代の波からふるい落とされて喘いでいる。

森林には二つの役目がある。一つは、生活に直結する建築材として森の木が利用されていることだ。もう一つは、日頃はあまり意識しないが、水源のかん養、土砂流出の防止、大気の保全などといった「公益的機能」である。流域に生きる人たちにとっては、この公益的機能がピンチになると他人事ですますことができなくなる。台風や地震といった災害に直面するたびに、水飢饉や山地崩壊といった現象を目の当たりにしてその事実を思い出すことになる。

一九九一（平成三）年の台風災害では、倒された杉が土石流や流木となって川を埋め尽くした。樹木が立っている広い面積の森林は、ダムの何倍もの保水能力をもっていることから「緑のダム」と言われている。よって、長い期間雨が降らなくても川の水が涸れることはない。

2005年の豪雨で発生した山地崩壊

日本は、どこに行っても緑の山を見ることができる。多くの外国のように、赤茶けた裸の大地を見ることはまずない。「木と水の素晴らしい国」である日本は、四季があり、温暖で雨量も多く、樹木の生育には適している。そんな自然環境が保水力のある森林土壌をつくり、きれいで豊かな水を蓄えている。森林の奥深くに湧き出てくる水、是非一度訪れて飲んでいただきたい。森林に入って小鳥の声やせせらぎの音を聞くだけでも癒されるだろうし、普段忘れがちとなっている自然の恵みを思い出すことができるだろう。

一年の降雨量が三〇〇〇ミリ（日本平均は一七三〇ミリほど）も降る筑後川の上流は、スギ、ヒノキの生長が早く、人工林としても適しているエリアである。植えて伐採するまでのサイクル（約五〇年）が短いため資本回収が早くなることで、天然林から人工林への変換が早くから進められてきた。それに加えて、木材価格の大きなウエイトを占める運搬費用の面で見ると、江戸時代にはじまった筏流しのできる筑後川は林業経営に有利となり、人工林化に拍車をかけることとなった。

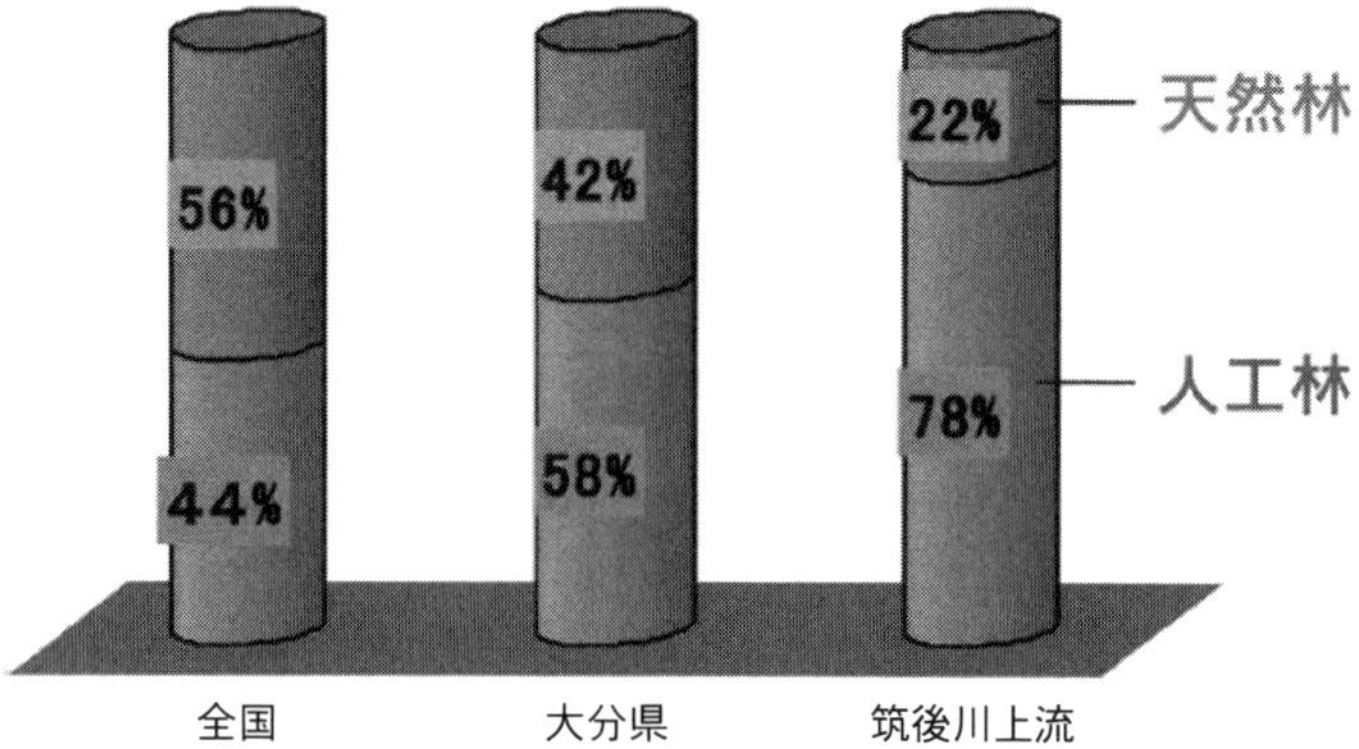

図４－２　森林の人工林比率

九州のスギ造林のほとんどは挿し木苗でつくられている。挿し木苗とは、スギの小さな枝の切り口を畑に挿し、そこから生えた根を育てて大きくした苗のことである。そのため、元の母樹のＤＮＡを完全に受け継ぐことになる、生長の早い優秀な母樹を探すことで、次々と品種改良が繰り返されてきたという背景もある。

健康な森林とは

自然条件に恵まれて、筑後川上流域の林業は日本の三大林業地の一つとして栄え、下流域に位置する大川市の家具づくりの基礎ともなった。全国平均の二倍近くにも増えた人工林が、公益的機能を果たすための森林としてどんな影響を与えているのだろうか。今、改めて「健康な森林づくり」が問われている。

森林の土中には浅い根や岩盤に届くような深い根もあって、それらが縦横に張りめぐらされ、大地をしっかりと掴んでいなければならない。また、多様な樹種や草、灌木があって、その落葉が森林の土に栄養を与えて溶存鉄を供給している。そのほかにも、多くの動物や野鳥、昆虫などの生物や菌類が生息することが必要である。生物多様性のある健全な森林生態系（食物連鎖）によってできた厚い森林の土壌が保水力を増すということは知られている。人工林とはいえ、そのような健康な森林が求められているのが現在である。

さて、人工林に生き物は育つのだろうか。林業がもっとも盛んだった昭和三〇～四〇年代に多くの天然林が伐られ、人工林へと転換が図られた。経済成長の大きな柱となった住宅の増加を、高い輸入材に頼らず国産材でまかなうことを目的として「拡大造林」という政策が施行され、日本の山々が一変したわけである。

ちなみに、住宅の構造材としては、通直ではないほとんどの広葉樹が強度などの理由で使うことはできない。ケヤキなどは使えるが、値段が高くて一般の住宅に使用されることがほとんどない。

そんな人工林も、間伐を繰り返すことによって明るく空間のある森林となる。地表面に陽光が届くことで、スギ、ヒノキの間には草や灌木がたくさん育つようになり、針葉樹と広葉樹の混ざった健康な森林になり、生き物も育つことになる。

そうであれば、最初から間伐をしないですむように本数を少なくして植えればよいのではないかといった疑問が湧いてくる。実は、一ヘクタール当たり三〇〇〇本も植えて、間伐を行って、収穫時に三分の一にまで減らすことには理由がある。

スギを柱として使うためには、通直な材にしなければならない。そのためには密植をし、競り合わせて上へ上へと伸びるようにする必要がある。幹が太り、枝が横に張って空間がなくなってきたら間伐で本数を減らし、陽光を森の中に入れるようにする。林業が元気なときは、その都度間伐を行ってきたので健康な森林を保つことが可能であったが、現在はそれが難しくなっている。その一番となる理由が輸入材の値段の安さであり、木の恩恵をたくさん受けてきたはずの日本人がそのことを忘れて、需要減を招いたからである。

（２）健康で豊かな森林とは

「筑後川の源流はどこですか」と聞かれることがよくある。河口からさかのぼってきて、南小国町の「九《く》重《じゅう》山系」が筑後川の全長一四三キロの始点と一般的には言われているが、源流は阿蘇外輪山など数かぎりなくある（一三六〜一三九ページ参照）。

それら小さな渓流の一つ一つが貴重な水源である。小さな流れが合流を繰り返しながら徐々に大河へと変わっていく。ごく当たり前とされる大自然の営みも、豊かな森林のお陰で水量の変わらない川の流れとなっている。もし、山の木が伐られたり、台風などによって樹木が倒されて裸の山になってしまったらどうなるだろうか。天然でも人工でも、次の樹木の生長が間に合わない状況で豪雨が地表面を直接叩き、土の流失がはじまったら止めることはできない。そう、山地崩壊となる。それだけに、常に樹木が存在する森林であることが重要となる。

針葉樹と広葉樹

先ほども述べたように、上流域の森林の大半はスギやヒノキの人工林となっている。その源流のなかで、唯一といってよいほどまとまった天然の広葉樹林がある。日田市前津江町の水源地で、通称「シオジ林」と呼ばれる権現岳国有林（約七〇ヘクタール）である（一四七ページの写真参照）。北部九州ではもっとも広い貴重な天然林であり、林野庁は「林木遺伝資源保存林」に指定し、伐採を禁止して管理をしている。

地球規模で生物多様性が協議されている現在、この山は植物、野鳥、動物などの希少な生き物が残された宝庫でもある。

広葉樹林と針葉樹林は、いったいどこが違うのだろうか。秋の日本を彩る紅葉は広葉樹で、毎年たくさんの葉っぱを落とし、春には新たな葉をつける。山に落とされた葉は、やがて腐植して肥沃な土をつくってくれる。その腐葉土を栄養源として、地中にはたくさんの生き物が活動している。その活動痕や古くなった木の根、土の粒子の空隙などに、空気が六〇パーセントもあるフワフワとしたスポンジ状の土壌ができていく。降った雨がすぐに流出しないでこの空気層に一時貯留する作用を「保水力」と言っている。

九州を代表するカシやシイなどは常緑広葉樹で、これらの木も葉っぱを緑色のまま毎年落としている。このたくさんの落ち葉の量が非常に重要で、昔はこの葉を腐植土にし、集めて水田の肥料として使っていた。つまり、近くの里山に広がる農村地帯を、これらの葉っぱが豊かなものにしてきたわけである。

スギも葉っぱを落とすが、約六年に一度の落葉でしかなく、広葉樹の比ではない。また、ヒノキの葉は油分も多くて鱗片状に砕け、土は徐々に痩せてしまうことになる。それだけに、健康な森林をつくるためには広葉樹が必要である。

上流は二つの河川

筑後川の源流は、やがて玖珠川と大山川の大きな二つの流れとなって分かれ、人工林の森林地帯を抜けて日田で合流する。前述したように、日田までが全長の約半分、七〇キロである。この長い流れには、瀬もあれば淵もある。下りながら酸素を取り込み、魚や貝の呼吸で汚れも取り除かれる。もちろん、土に染み込むことで濾過もされていく。このような川の自然浄化作用が働いて、水はきれいになっていくわけだが、人工的なコンクリート張りや取水による減量によって、この働きが発揮できない所もたくさんあるというのが現状である。

日田市の三隈川《みくまがわ》（筑後川）まで来ると川幅も広くなり、さまざまな利用が可能となる。江戸時代の一七〇〇年頃から一九五三（昭和二八）年の大水害まで、筏流しによる木材運搬や「通船」と言われる舟輸送によって米や山の産物が久留米市や大川市に運ばれてきた。また、急流下りといった船遊びも盛んであった。

多くのモノが下流へと運ばれることで、筑後川の上下流がしっかりと一つの経済圏を形成してきた。「豊かな森林が豊かな海をつくる……森は海の恋人」とよく言われるが、一〇〇キロも離れた森と海が近い関係にあるのか、と多くの人々が不思議に思っているかもしれない。

海の魚貝類を豊かにするためには、植物プランクトンや海藻が増えなければならない。このプランクトンや海藻が成長するには、窒素とリンが欠かせない。そして、これらを吸収するには鉄分が必要なのだが、鉄の粒子そのままでは吸収しにくいという問題がある。これを解決してくれるのが森林土壌である。

森林の枯葉、枯れ枝が微生物によって分解されて腐植土壌がつくられる。そのなかに存在するフルボ酸と鉄が結合して「フルボ酸鉄」となり、窒素とリンを吸収して植物プランクトンや海藻が増えていくことになる。そのフルボ酸鉄が川から海へと運ばれる。河川には、海の一〇〇〜一〇〇〇倍の鉄が含まれていると言われている。海藻や植物プランクトンが増えれば、言うまでもなく魚も増える。豊かな森林の土壌が豊かな海の海中林（コンブなどの海藻林）をつくり、魚のすみかや産卵場をつくっていく。逆に、森林がなくなれば豊かな海の幸も絶えてしまうということである。「森は海の恋人」、有明海の魚や流域に住む人々の飲み水のことを合わせて考えると、まさに筑後川流域は「運命共同体」であると言える。

生物多様性がつくる健康な森林

では、フラボ酸鉄を供給でき、「公益的機能」が発揮できる森林とはどのようなものであろうか。もちろん、人が手を出さないあるがままの姿で自然に推移する（遷移）ことが環境面では望ましいと言える。九州ではカシなどの常緑広葉樹林がその姿であり、多くの生き物が棲んでいる生物多様性のある森林こそが「健康な森林」と言える。

しかし、狭い国土の日本の場合、再生産が可能な資源でもある木材を有効利用することも人々が生活するうえにおいては必要である。木材は、日本の風土にもっとも適して

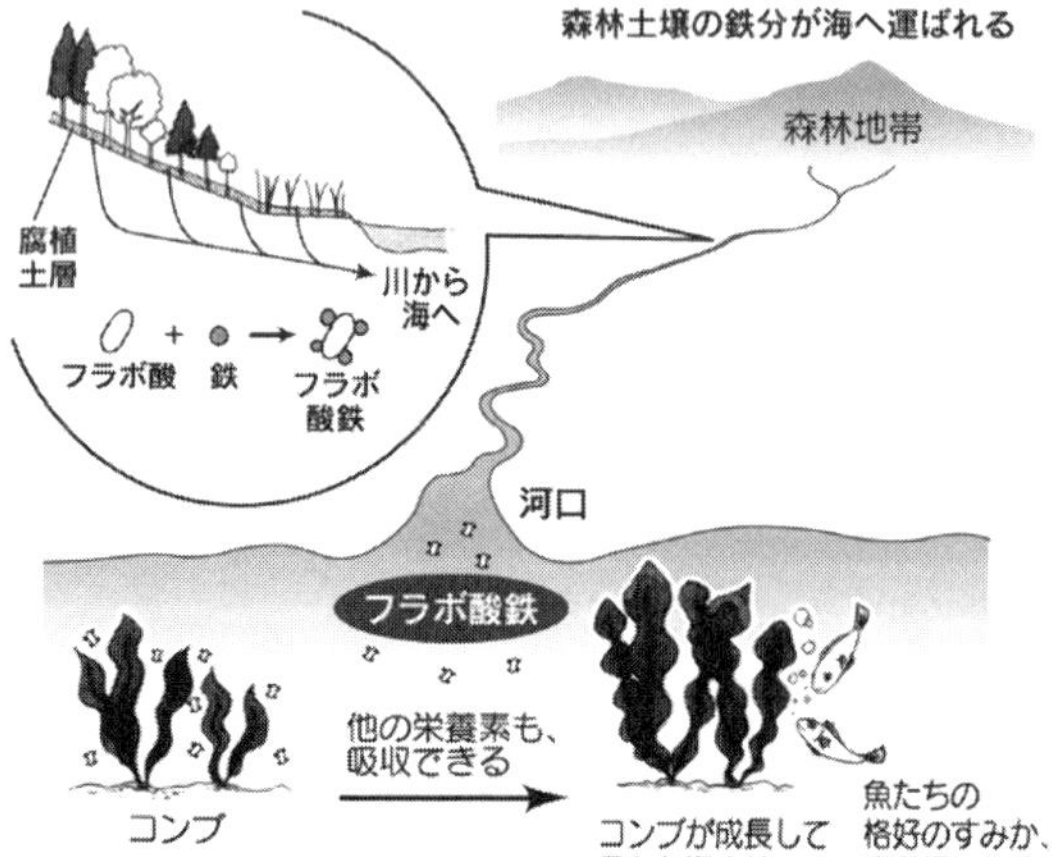

図４－３　フルボ酸鉄

いる資源と言える。その両方が満たされるための「森林づくり」が必要となっている。その要件として、次の二つが考えられる。

❶山崩れを防ぐために、表土が薄い尾根筋や渓流沿いを防災林として広葉樹を誘導する。そのようにして針葉樹、広葉樹を織り交ぜて、モザイク状にする。広い人工林には、病虫害や火災延焼を止める保護樹帯をつくる。

❷人工林では適切な間伐を行い、地表面に陽光を入れて下層に広葉樹を誘導する。

このような人工林と広葉樹が共存する森林づくりが今後望まれる。広葉樹を増やし、連続性をもたせることで「緑の回廊」ができ、動物や野鳥の行動範囲が広がり、生物多様性が進む。日田市の林業関係機関と日田市民環境会議「水と森」部会では、共同で二〇一〇年から天然広葉樹林を早く誘導するための実験地をつくり、経過を観察している。

（3）豪雨災害で森林崩壊

筑後川流域の朝倉市と日田市では、二〇一二（平成二四）年と二〇一七年七月、二度にわたる大きな集中豪雨災害が発生した。人命や家屋

日田市の植林活動

の災害も大きかったが、それを大きくした原因に人工林の崩壊で発生した流木と土砂の流失がある。本来は人命を守ってくれるはずの森林が、その役目を果たすことができなかったのだ。

森林崩壊の原因として、大きく次の三点が挙げられる。

❶線状降水帯と呼ばれる一点集中型の大豪雨がある。繰り返し線状に降った雨によって山地が崩壊した。

❷この付近一帯に広がる「真砂土」（まさ土）と呼ばれる砂状の土質（花崗岩が風化して壊れた土）がすぐに流失した。

❸植えられたスギのすべてが、枝から採取した「挿し木苗」であった。もともとは深根性で直根をもつスギも、広葉樹とは違って、浅いまばらな根で土をしっかりと掴む杭打ち効果がない。

これらの要因が重なって崩壊をしたと思われるわけだが、それは一九九一（平成三）年に筑後川流域で起きた風倒木の大被害の場合も同じである。もちろん、これ以外にも災害の要因はあるが、二〇一七年の九州北部豪雨災害では、人命や家屋を森林崩壊によって守ることができなかったことを反省しなければならない。とくに、壊れやすい急斜面、尾根筋、渓流沿い、窪地な

赤谷川の流木

崩壊した森林

どの箇所については、積極的に根の深い実生苗の広葉樹に転換を図ることも考えていかねばならないことを痛感した災害であった。

（4）水源の森林再生に向けて

源流の森林地帯で何が起きているのか

九万年前に起きた阿蘇火山の大爆発による溶岩が筑後川上流の基岩となった。噴火後の裸の山にコケ類や飛来の種子が生えて、そこから森林が形成されるまでには八〇〇年から一〇〇〇年という長い年月がかかると言われている。そして、厚い森林土壌がつくられるまでには、さらに長い年月が必要となる。

このように長い年月をかけてつくられた森林は、水を蓄える「緑のダム」となって恵みを与えてくれる。また、その自然がつくってくれた土を利用して、私たち人間は人工林を栽培している。人工林は五〇年ほどで更新されるわけだが、それをふまえて、子々孫々の代を重ねて森林づくりを人間は行ってきた。

今、中国では大きな経済成長を遂げたことで都市への人口移動がはじまり、貧富の差が大きくなっている。かつての日本も、昭和三〇～四〇年代に高度経済成長を迎え、便利で豊かな都市への人口集中と経済格差が理由で田舎が大きく変化した。そのため、山村地域では過疎化や高齢化が進んだ。それに並行して、林業労働者が高齢化することで減少し、森林づくりを直撃するようになった。

また、森林を相続した後継者が都市に住んでおり、定期的な手入れができないなど、保水力の高い健康な森づくりをするための継続性に赤信号が灯っている。ある過疎地では、山林の七〇パーセントが投機対象として売り払われた不在村地主の所有となっている。言うまでもなく、これらの多くが間伐もされずに放置されたままとなっている。

木材価格が低迷し、需要も減少

昭和四〇年代から、木材需要の増大や円高によって安い外材の輸入が拡大した。その結果、一九五五（昭和三〇）年には約九五パーセントあった国産材が圧迫されて、二〇〇〇（平成一二）年には約一八パーセントへと減少した（二〇〇八年は約二四パーセントと、少しもち直している）。

一方、木材の需要量の推移（全国）も、一九七三（昭和四八）年の約一億一七〇〇万立方メートルから二〇〇八（平成二〇）年の約七八〇〇万立方メートルへと減少している（一九七三年比六五パーセ

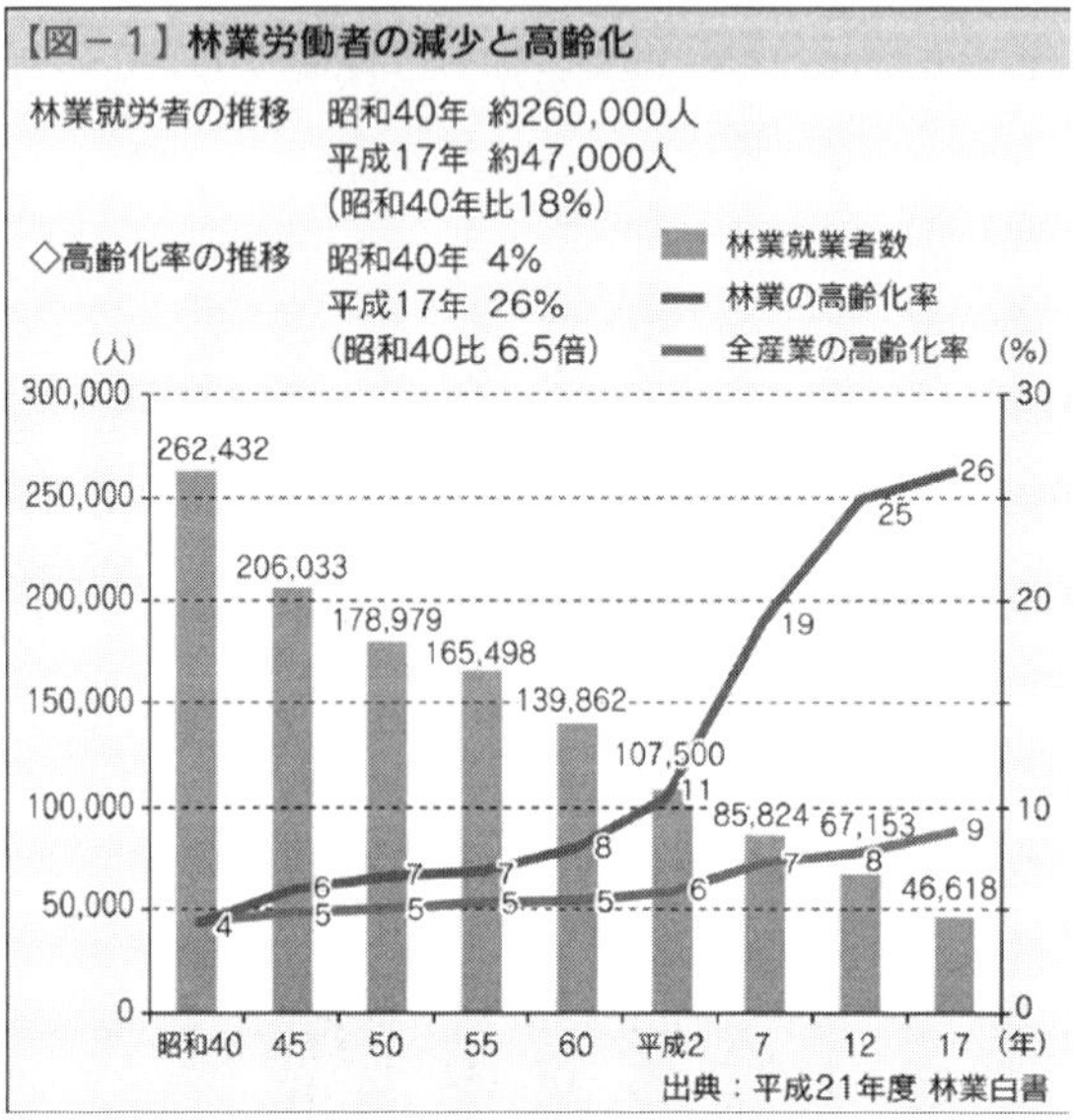

図４－４　林業労働者の減少と高齢化

ント）。この数字を見ても分かるように、林業経営が赤字続きとなり、脱却できない状況に陥っている。山の木を売ろうにも、木材の搬出経費にも満たないとか、山を相続しても税金が払えないなどといった厳しい話が現実にあるのだ。今は身を低くして北風の過ぎるのを待っている状態であるが、明るい兆しがあるわけでもない。

戦後の高度成長期、広葉樹を伐り倒したあとに植えた木が五〇年前後になり、柱として使えるという「伐り時」になってきた。しかし、需要減と価格の低迷で採算が合わないため、伐るにも伐れない状況に陥っている。

売れない山をそのままにしておけば木が太り、将来、儲かるのではないかと考えがちだが、現実は違う。間伐をしないまま大きくなって過密の林になれば、当然、隣の木と枝葉が重なり合って陽光が入らなくなり、草や灌木が枯れてなくなる。先にも述べたように、裸の地表面に雨が降れば表面流失が起こりやすくなり、木の根が浮いて、やがて山地崩壊の起因となる。

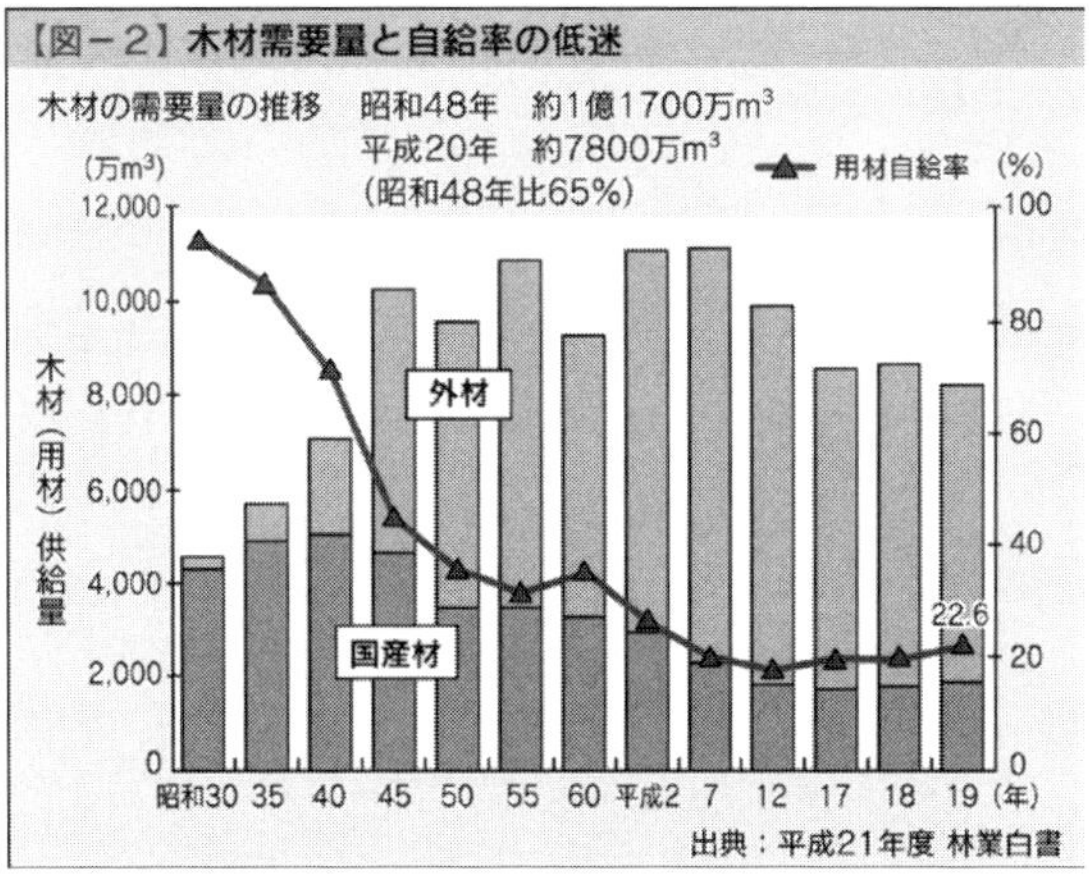

図４－５　木材の需要量と自給率の低迷

もう一つ、高齢化した樹木は二酸化炭素の吸入量が落ちているという現実がある。このような状況になると森林の荒廃は必至で、やがては保水力や山地崩壊などといった公益的機能に多大な影響を及ぼすことになる。

「温暖化」や「地震」、そして「台風」といった言葉が話題になったときには必ずと言っていいほどニュースに流れる「森」、常日頃からその生態を知り、意識することが利用をしている人間に課せられた役目となる。

みんなでつくろう筑後川の森と水

森林づくりには時間と金がかかる。かつては好景気に支えられて健全な森づくりが可能であったが、不況と過疎、高齢化の山村地域では先行きが困難な状態となっている。価値が急落して安くなった山を、中国資本が水資源を目的として買ったという話も日本各地で聞かれる。

二〇一〇年一〇月、筑後川流域連携倶楽部が主催し、久留米市長、大川市長、日田市長、九重町長による流域

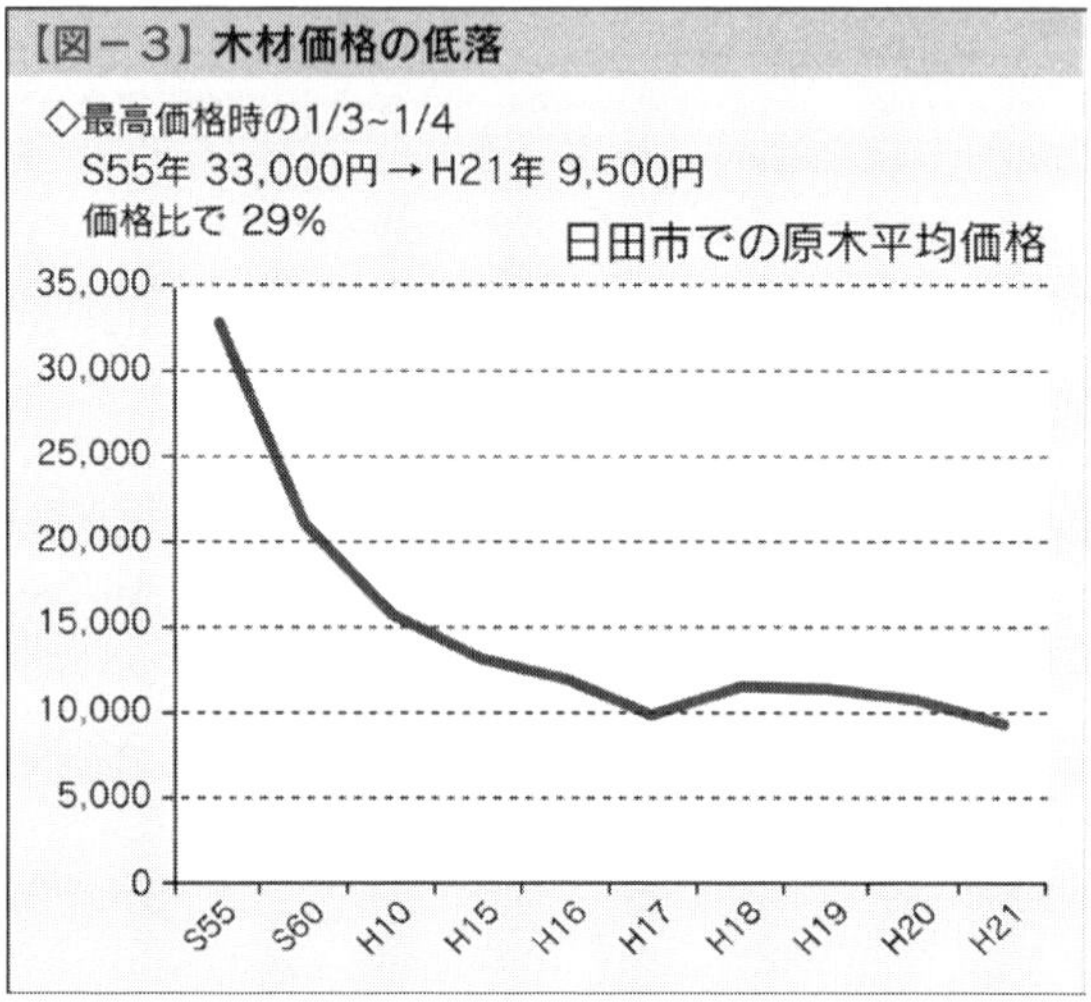

図４－６　木材価格の低落

四者会談が行われた。そのなかで、中国の森林買いに対する防御も兼ねて、森林トラスト（ナショナルトラスト）の提起がされた。これらは、流域森林健全化に向けたものである。森林トラストの内容は、以下の通りとなっている。

1. 筑後川流域森林の公益的機能が十分に発揮できて、保水力の向上や山地崩壊を未然に防ぐための健全な森林づくりを目指す。尾根筋や渓流沿いなどに広葉樹を誘導することで連続性を作り生物多様性を進める。
2. 老人世帯で跡地更新ができない森林や継続困難な森林、水源林として重要な森林については買い上げる。併せて中国などの外国資本の侵入を防ぐ条例等の制定も合わせて検討する。
3. 間伐の推進によって下層植生に広葉樹を繁茂させる。
4. 植栽も含めた事業の増加で過疎化、高齢化に対応する森林業労働者を育成する。
5. 流域の人々へ森林環境の啓蒙を進める
　① ボランティアによる植樹活動
　② 児童、学生の林業体験、自然観察活動などの支援

間伐がされずに表土が流失した根

③ 企業参画の森林づくり支援
④ 里山保全、竹林伐採整備支援
⑤ 森林セラピーなど出来る森林の造成

この森林トラストは、今から協議を進めなければならない問題であり、現段階ではあくまでも試案である。形はともかく、窮地にある森林の問題については、水の受益者と山村地域が力を合わせて流域全体で取り組むべき喫緊の課題である。上流域はきれいな水を流すことに努力し、下流域は保水能力のある健康な水源森林づくりに協力しなければならない。そのためにも、上下流域の人たちがかかわる組織づくりが必要となる。

人間は森の動物であり、そこにいるだけで癒されて安らぐものだ。穏やかな森林の空気、鳥の声やせせらぎの音が遠い昔の郷愁を思い起こしてくれる。また木材は、再生可能な資源として、私たちの生活を支えてくれる貴重な自然からの贈り物である。多くの生き物のふるさとである森、これからも筑後川にある多くの森林と水を、流域に暮らす人たちが守り育てていかなければならない。

第5章

筑後川中流域と人々の営み

筑後川堤防の菜の花畑から見る高良山（福岡県久留米市）

1 筑後川の四大井堰

筑後川中流域の「朝倉」と「うきは」地域は、九州を代表する穀倉地帯である。この地域には、袋野堰、大石堰、山田堰、床島堰の四大井堰や、大石水道、堀川用水、三連水車などといった、先人たちの知恵を結集して造られた農業土木遺産が多くある。これらの築造は、江戸時代の大干ばつによる飢饉に苦しむ農民と庄屋たちが行った命がけの事業であった。

江戸時代、中流域の上流から袋野堰は一六七三（寛文一三）年、大石長野堰と山田堰は一六六四（寛文四）年、床島堰は一七一二（正徳二）年に造られた。それぞれの堰について、以下で説明していこう。

袋野堰

大石堰の四キロほど上流に夜明けダムがある（一四四ページの写真参照）。かつて、約五〇〇メートル上流の左岸に袋野堰があったが、現在は夜明ダムに水没しているため、その堰は見ることができない。

取水口の獺の瀬あたりは渓谷となっており、筑後川でもっとも流れの激しい所であった。ダム下に硬い火山岩の岩壁があり、それにぶつかった筑後川の流れは大きく蛇行する。筑後川最大の難所であり、硬い岩盤にトンネルを掘るという用水工事は大変なものであっただろう。測量技術や掘削機械もない時代のことである。大庄屋であった田代弥三左衛門(1)と重仍《しげより》親子を中心に、石工や農民たちはノミや斧を使って二キロのトンネルを掘った。大変な難工事で、犠牲者も多く出たという。

トンネルと用水路は一六七三（寛文一三）年に完成し、今もなお、大石堰上流に位置する浮羽町山春、大石、隈上地域の田畑を潤している。藩の工事としては認められず、私財を全部なげうって造った庄屋の田代屋親子に感動した農民たちは、庄屋を大明神として「田栄神社」に祀ったという。

袋野堰のトンネルは、三年に一回一般に開放されている。灯りとりに使ったアワビの貝殻や、掘削したノミの跡が見られる。一度は、先人たちの偉業を知るためにトンネル公開に参加したいものである。

筑後川の流域図
（出典：筑後川流域基礎情報に加筆）

（1）（一六八七～一六一六）本名は田代重栄《じゅうえい》。江戸前期、久留米藩領筑後国生葉郡吉井町（現・浮羽郡吉井町）に住んだ田代組（吉井町、浮羽町）村々の大庄屋で、通称は弥三左衛門。息子又左衛門重仍と図り、一六六四年の大石（浮羽町）―長野（吉井町）間水道完成によってもなお水利を得られなかった筑後川南岸に位置する荒れ地の灌漑を藩に願い出て、一六七六年、筑後川南岸獺《うそ》の瀬《せ》（夜明ダムのやや上流）より水を引き、地蔵岩に至る隧道を含む約二キロの水道（袋野水道）を通すことに成功した。これにより、約一七〇ヘクタールが潤った。地元では、この偉業を称えて一九一六年、浮羽町に「田栄《たさか》神社」を造って祀っている。参考文献『久留米市史（2）』

袋野水道

袋野隧道内

大石堰・大石長野水道

うきは市浮羽町、筑後川温泉近くに大石堰・大石長野水道がある。取水口の水神社には三堰の石碑が建っている。浮羽地域は、かつて平野の大部分が雑林や竹藪に覆われていたため水田が少なく、農民の生活は厳しいという地域であった。そのうえ、一六六三（寛文三）年の大干ばつでこの地域の数少ない農作物が全滅した。これが切っ掛けとなり、山下助左衛門、栗村次兵衛、本松平右衛門、重富平左衛門、猪山作之丞という五人の庄屋が立ち上がり、一命を投げうって、久留米藩に用水開削することを請願した。

工事現場には、工事に失敗した場合に使用される処刑用の磔台が五本立てられていた。このような緊迫した状況のなか

本松家に伝わる「五庄屋の物語」絵巻より。不要になった磔台を燃やす農民達

大石長野水道

五庄屋物語の大石堰

で、「庄屋どんを死なせてはならない」と農民たちは懸命に働いた。完成したのは一六六四年で、起工から竣工までに人夫延べ四万人が動員され、約六〇日間要したとある。

本松家に伝わる「五庄屋物語」の絵巻（前ページ参照）に、不要になった磔台を燃やす農民たちの笑顔が描かれている。庄屋たちを中心に、農民たちが血と汗を流し、知恵を結集して造られた筑後川の灌漑施設、その喜びの様子がうかがえる。

この大石堰は、一九五三（昭和二八）年の大水害で石積堰が破壊され、コンクリートに改築されている。取水口から大石水道沿いに歩いてみると、用水が川の下をくぐる不思議なサイフォンの現場、五庄屋を祀った長野水神社、用水の分岐点・角間天秤などといった見所が随所にある。

山田堰、堀川、三連水車

「頑張れ、頑張れ」と、幼稚園児の黄色い声援が上がる。山田堰における通水式の神事後、水門が開門されて筑後川の水が堀川を流れ出てくる。三連水車がゆっくり回りはじめると、園児たちの黄色い声援はさらに大きくなる。声援に応えるかのように三連水車は力強く回転し、水を汲み上げていく。六月中旬、水車群に汲み上げられた水が田圃を潤し、朝倉地域の穀倉地帯では田植えが一斉にはじまる。

大石堰より約六キロ下流、朝倉市に山田堰がある。黒田藩が筑後川

2017年7月5日に発生した九州北部豪雨で被害を受けた三連水車だが、8月2日、再び回りはじめた

コラム・庄屋物語『水神』—— 灌漑用水や堰の守護神

「庄屋どんを殺すな！　庄屋どんを磔にしてはならない！」を合い言葉に、工事現場に建てられた処刑用の磔台を横目に農民達は黙々と励んだ。江戸時代（1663 年)、大干ばつを機に山下助左衛門・栗林次兵衛・本松平右衛門・重富平左衛門・猪山作之丞の庄屋は、上流の大石地区から取水して下流域を水田化しようと決心し、血判所をそえて用水路開削工事を久留米藩に申し出たが、藩からの許可は下りなかった。後日、「失敗したら極刑に処する」という条件付きで開削工事の許可が下り、60 日間で完成させた。

この五庄屋の話は、帚木蓬生《ははきぎほうせい》の小説『水神』のモデルとなっているほか、庄屋の挑戦とそれを支えた郡奉行の苦悩は、三浦敏明の『筑後川』に詳しく書かれている。用水路や堰の築造に貢献した人々の物語が中流域にある４堰に残されており、「神」としてそれぞれの水神社に祀られている。

五庄屋を祀る長野水神社——大石・長野水道を造るに際し献身的な貢献をした５人の庄屋が長野水神社に祀られた。地域では長野水神社を「五霊社」と呼び、毎年その偉業を讃えて祭りを行っている。

庄屋の田代親子を祀る田栄神社——寛文 13 年、田代重栄と重仍の親子が私財を投じて約 2km にわたる岩盤をくりぬいて灌漑用のトンネルを堀り、導水する袋野堰を完成させた。田栄神社では田代親子を祀っている。

五庄屋と草野又六を祀る大堰神社——正徳２年に完成した床島堰に貢献した高山六右衛門・秋山新左衛門・鹿毛甚右衛門・中垣清右衛門・丸林善左衛門の五庄屋と、指導者である草野又六の偉業を讃えて、大堰神社の祭神に加えらた。

古賀百工を祀る恵蘇宿の水神社——寛文３年に堀川用水の工事が進められ、翌年に開通した。「堀川の大恩人」とされる古賀百工は、水量を増やし、安定した水を確保できるように新堀川用水工事をし、寛政２年に山田堰の大改修を行った。その偉業を讃えて、山田堰取水口にある水神社に合祀された。

今に生きる長野サイフォン

を堰き止めて堀川用水の工事をし、一六六四（寛文四）年に完成した。その後、堀川用水の取水量を増やすために、取水口の岩盤を切り抜いてトンネルを掘り、堀川が拡張された。さらに、当時の庄屋であった古賀百工《こがひゃくこう》（一七一八〜一七九八）によって堰の大改修がされ、現在見られるような総石張りの斜堰が一七九〇（寛政二）年に完成した。黒田藩の建設事業であったが、費用は全額農民が負担したという。

このような背景が理由であろう。現在でも地元では古賀百工のことを「ひゃっこうさん」と呼び、「堀川の恩人」として讃えている。

現在も稼働している「菱野三連水車」「三島二連水車」「久重二連水車」が造られたのは一七八九年ごろで、古賀百工による山田堰の改修工事に伴って建設されたものである。これら朝倉揚水車群と堀川用水は国指定史跡となっている。

筑後川の水を堰き止め、堀川を造って高い所へ流す。さらに高い所へ、水車を使って水を揚げる。しかも、「伏せ越し」と言われる逆サイフォンの原理を利用し、もっと高い所へ水を揚げ

山田堰

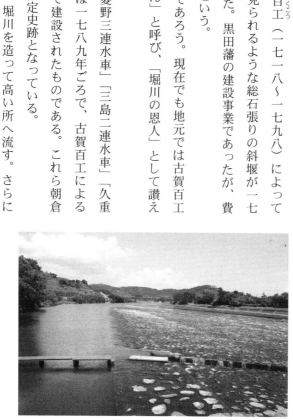

るという三連水車を造った先人たちの知恵と技術には驚きを感じる。

ちなみに、戦乱と干ばつによって多くの人が亡くなったアフガニスタンにおいて、ペシャワール会の中村哲《てつ》(2)医師らが山田堰の工法を参考にして「マルワリード水路」を造り、広大な荒廃地を農地に生まれ変わらせている。朝倉の伝統工法が世界で活かされている一例である（次ページの**コラム**参照）。

床島堰

春、筑後川中流域は、穏やかな陽に照らされた菜の花で埋め尽くされる。菜の花がもっともよく似合う場所が両筑橋《りょうちくばし》付近である。河川敷は黄色い絨毯で埋め尽くされ、川面には鳥たちが遊び、釣り人たちも春の陽ざしを楽しんでいる。そんな光景が見られる両筑橋の下流約一キロの右岸に床島堰がある。

朝倉市長田にある「恵利堰」、久留米市田主丸町八幡にある「床島堰」、そして三井郡大刀洗町三川付近に築堤された「佐田堰」の三堰を総称して「床島堰」と言っている。この間、六〇〇メートルほどである。

恵利堰は筑後川を堰きとめて用水路に水を取り入れるため、床島堰は取り入れた水量の調節のため、さらに水量を増加させるために佐田川より取水するために佐田堰が造られた。もともと筑後川北岸一帯は水が乏しく、農民たちは水不足に苦しんでいた。一七一〇（宝永七）年の大干ばつが切っ掛けとなって、指揮

（2）（一九四六～）福岡市生まれ。九州大学医学部を卒業後、国内病院勤務ののち、一九八四年、パキスタンのペシャワールに赴任。以来、二〇年以上にわたってハンセン病を中心とする医療活動に従事。「ペシャワール会」は、中村医師の医療活動を支援する目的で一九八三年に結成された国際ＮＧＯ。『医者、用水路を拓く』（石風社、二〇〇七年）などの著書がある。

コラム・ペシャワール会の活動——医者、用水路を拓く

「百の診療所より一本の用水路を」と、戦乱と大干ばつで荒廃したアフガニスタンの地を穀倉地帯にしようと、灌漑用水路建設に取り組んでいるのが「ペシャワールの会」（ＮＧＯ）の現地代表を務めている中村哲医師である。

ハンセン病患者の治療を目的とした「ペシャワール会」を発足させた中村医師は、パキスタンで医療器具と医薬品がほとんどないという状況下で医療活動をはじめ、地域の人々の信頼を広めていった。その傍ら、アフガン難民の診療にも携わり、アフガニスタン人による診療チームの組織化を進めた。

アフガニスタンでは、戦乱による荒廃と大干ばつによって、多くの人々が故郷を捨てて難民となっていった。飢えた子ども達は、空腹から汚い水を飲んで感染症にかかり、死亡者が続出した。そのような状況下、中村達は飲料水や灌漑用の井戸を掘る事業に取り組んだ。しかし、水涸れのする井戸が続出した。そこで、医療活動だけで人々は救えないと悟り、農業支援・灌漑用水路建設に重点を置いた「緑の大地計画」を実施した。

クナール川から引いたマルワリード用水路は、江戸時代に筑後川で造られた山田堰の技術が使われている。何度も山田堰を訪れて伝統的な技術を研究した中村医師は、マルワリード用水路にその技術を応用することにした。全長約 25ｋｍに及ぶ用水路の完成で、荒涼としたガンベリ砂漠が緑の大地に生まれ変わろうとしている。今では、難民達が用水路の流域に戻り、65 万人が定住するようにもなり、稲や麦、イモなどが収穫されるようになっている。

「診療を止めたわけではありません。医療だけでは限界があると感じたんです。水がなければ農業が続けられない。日々の糧を得ることができないなら、生きていきようがない。きれいな水がなければ、伝染病などが蔓延するのを防ぐことだってできない。だから、我々の現在の仕事は、用水路の建設と医療の二本立てなんです」と、中村医師は語る。

アフガニスタン農業大臣と中村哲医師、山田堰にて（2015 年 3 月 27 日）

官の草野又六（一七一ページの**コラム**参照）をはじめとした五人の庄屋（高山六右衛門、秋山新左衛門、鹿毛甚右衛門、中垣清右衛門、丸林善左衛門）が堰の築造のために立ち上がり、農民も懸命に働いた結果、一七一二（正徳二）年に床島堰は完成した。

先人たちの英知と労力を結集して造られた「筑後川四大井堰」は、形は変えても今もなお筑後川中流域の穀倉地帯を潤している。豊かな穀倉地帯を流れる筑後川沿いの四大井堰の利水技術、それぞれの井堰にまつわる庄屋と農民たちの物語とともに知るのも楽しいだろう。それにしても、庄屋たちの社会貢献は「凄い」としか言いようがない。

2　筑後川中流の宝物を守る人たち

日本古来の漁法――鵜飼いを守る鵜匠たち

毎年五月二〇日、筑後川中流の朝倉市原鶴温泉付近では数千発

恵利堰

の花火が打ち上げられ、初夏の夜空を彩る。釣り人たちが待ち望んでいる、鮎漁解禁日に合わせたイベントの一つである。日中は釣り人たちが腰まで川に入って釣り糸をたれ、「ころがし」という鮎釣りを楽しむ。そして夜は、花火大会の見物客で大いに賑わう。花火大会の賑やかさが去り、静けさを取り戻した川面の上流から、篝火をかざした鵜飼い舟がゆっくりと下ってくる。初夏の訪れを告げる鵜飼いのはじまりで、一〇月中旬まで続く。

舟の明かりに集まってきた鮎を追って潜った鵜が、鮎をくわえて水面に顔を出す。鵜匠はすかさず手綱を手繰り、鵜の呑み込んだ鮎を吐き出させる。鵜は再び鮎を追って水中へ潜る。八～一〇羽の鵜を操る鵜匠の手綱さばきは見事である。鮎を捕る鵜、手綱を操る鵜匠と舟の漕ぎ手が一体となっての妙技である。

篝火に集まってきた鮎を鵜が次々に捕る鵜飼は、日本の伝統漁法の一つである。古来より伝わるこの漁法を受け継ぎ、伝統を守っている人たちがいる。梶原家、赤星家、臼井家という三家の鵜匠たちだ。

江戸時代に刊行された『筑前国続風土記』のなかには、筑後川の鵜飼について「筑前では、下座郡長田村や上座郡山田などより鵜舟が出る」と記されている。かつて、筑後川中流域において鵜飼いをする人たちが数か所にいたが、現在は原鶴温泉付近の三家だけとなってしまった。そのうちの一人は、全国的にも珍しい女性である。これら鵜匠たちは、伝統漁法を守るという誇りをもちながらも、伝統を守ることの厳しさを痛感している。

「環境の変化なのか、魚が少なくなった」、「魚を捕るだけでは生活できない」、「鵜匠の後継者がいない」と、悩みはかなり深刻なものとなっている。そのような厳しい状況のなかで、伝統漁法を守り続けようと頑張っている若手鵜匠がいる。鵜を見つめる笑顔が何とも優しい臼井信郎氏（取材時二八歳）が次のように話してくれた。

「今も伝統ある鵜飼いの漁法がこの地に残っていることは素晴らしいし、その伝統を受け継ぎ、守っていくことに誇りをもっています。鵜とともに生活しているので、鵜匠と鵜の呼吸のあった動きができるのです。人間と鵜、お互いの信頼関係がやはり大切ですね。鵜は家族であり、仕事の仲間でもあるのです。でも、最近は魚が捕れなくなりました。筑後川の水質の変化や増水などによる水位の変化、また川鵜の増加などが原因だと考えられます。鵜飼いだけでは生活ができませんし、これでは後継者もいなくなります。伝統は守りたいけれど、現実は厳しいですね。捕る鵜飼いではなく、風情を楽しむ観光の鵜飼いなら残れるかもしれません」

日本古来の伝統漁法を守るためには、魚の棲める川環境の保全が大切であることは言うまでもない。流域に住む人たちだけでなく、その恩恵を受けている人たちも含めて筑後川のことを知り、考えていく必要がある。筑後川の宝物である伝統漁法の「鵜飼い」を守る鵜匠たちに、「筑後川まるごと博物館」の我々はエールを送りたい。

鵜匠の臼井信郎氏

山田堰・堀川を守り続けた後藤家

前述したように、筑後川中流の朝倉市には国指定史跡となっている山田堰、堀川用水、三連水車などの歴史的農業遺産がある。その山田堰そばに、今なお「番屋」と呼ばれる家がある。江戸時代から平成時代まで、山田堰や堀川を代々守り続けてきた後藤家である。

山田堰のある恵蘇宿にはかつて渡船場があり、筑前・筑後を結ぶ交通要衝の地であった。渡船の取り締まりのために置かれた関所を「番屋」と呼ぶようになった。斉明天皇の時代から恵蘇八幡宮の前には「名乗りの関」とも言われる朝倉関跡があり、交通、軍事などにおいて重要な場所であった（本章4節参照）。

近くに、「隠れ家の森」と呼ばれる樹齢一五〇〇年以上の巨大な楠が聳えている。訳あって関所を通れない者が、夜になるまで身を隠したという話が伝わっている。記録が少ないので定かではないが、後藤家はかつて「名乗りの関」の関守であったのかもしれない。その後藤家は、後藤孝三郎、孝次郎、才太郎、孝次、義孝の五代にわたって山田堰の管理を受け持ってきた。一八五二（嘉永五）年生まれの孝次郎は、明治の初めに後藤孝三郎の養子となり、家督を受け継いだ。

一八七八（明治一一）年に発足した郡制によって郡会議員となった後藤孝次郎は、堀川の治水事業に手腕を発揮した。その後、一八八七（明治二〇）年に上座、下座地内の山田堰水門および石洸堰の主任管理人を命じられた孝次郎は、廃刀令にともなって武器類の所持が禁止されていたにもかかわらず、短筒の携帯が許された。筑後川看守人としての職務が重要であり、高い権限を付与したのである。

養子の才太郎は、堀川土木水利組合が設置されてから「番屋」と呼ばれる自宅を会議場として開放・提供し、会議の世話や堤防水利についての助言を行ってきた。さらに、その子である孝次は、山田堰の管理、水門の開閉、水量調査などの任務を全うしてきた。ひたすらに山田堰を守り続けた後藤家三代にわたる功績が認められ、大臣表彰を受けている。

その後、義孝も、山田堰の管理、水門の開閉、水量調査などを日夜問わず行い、任務を果たしている。その管理状況について、義孝は次のように語っている。

「今は動力で動かすようになって水門の開閉が楽ですが、手動のときは大変でした。筑後川が増水してくるので、素早く閉めなければならないと気ばかりが焦りました。手動で動かすのは本当に重いんです。必死になって閉めていました。ある日、閉めようとして力を入れたとき、足を滑らして増水した川に落ちてしまったこともあります。水門の中を流され、死を覚悟しましたが、九死に一生、助かりました」

朝倉の肥沃な土地は、筑後川の水がもたらした恵みである。水門の開閉は、手動からディーゼルエンジン、そして電動へと変わり、現在の管理は山田堰土地改良区が行っている。今、山田堰、堀川用水、三連水車が脚光を浴びているわけだが、その陰で山田堰や堀川を守り続けた後藤家の功績を忘れるわけにはいかない。

水貫水門上の水神社と堀川。
右に見える家が後藤家

3 農民たちの祈り――三〇〇年前から続く素朴な祭り

福岡県朝倉市杷木には、江戸時代から続く珍しい祭りがある。「泥打ち祭り」と「おしろい祭り」だ。いずれも五穀豊穣を願った農民たちの祈りの祭りである。それぞれ、紹介していこう。

泥打ち祭り

毎年三月の第三日曜日、朝倉市杷木の阿蘇神社で行われている。「打て！ 打て！」と言う若者のかけ声が合図となり、神紋入りの法被《はっぴ》を着た氏子の子どもたちが代宮司を目がけて泥を投げつける。観客もカメラマンも泥まみれとなるが、代宮司の泥のつき具合でその年の作柄を占うという奇祭であり、福岡県の無形文化財に指定されている。

宮座に集まった氏子のなかから、「くじ引き」で決められた代宮司は純白の神衣に着替え、境内に設けられた「神の座」に着く。神田《しんでん》から運ばれた土をこねた泥のなかに座ると、一斉に

泥打ち祭り
（朝倉市杷木保坂の阿蘇神社）

泥を塗りつけられる。そして、大杯の御神酒《おみき》を飲み干してフラフラになった代宮司は、両わきをかかえられながら約五〇〇メートル先の道祖神へ向かう。

途中、氏子の子どもたちからひっきりなしに泥を投げ続けられる。数年前の祭りでは、代宮司が御神酒の飲み過ぎと寒さのために体調を崩し、途中で交代してしまうということがあった。しかし宮司は、「代宮司二人分の泥がつき、今年は大豊作間違いなし」と、何ともほほえましい判定を下した。

おしろい祭り

一二月二日、朝倉市杷木の大山祇神社でこの祭りは行われる。新米を粉にして、水でといた「しとぎ」と言われる白粉《おしろい》を顔に塗り、そのつき具合で来年の作柄予想をするという珍しい祭りである。

大山祇神社は「山の神」と言われ、女の神様を祀ってあることから白粉を塗るのだという。神事が終わると氏子全員が宮座の膳に着く。御神酒が回り、酔いがまわりはじめたころ、「しとぎ」を宮司の顔から塗りはじめ、氏子全員の顔と参拝者の顔に塗りつけていく。白粉をつけられた滑稽な顔を見合わせた途端、笑いが起こる。静かな山間の神社に、笑い声がこだまする。

おしろい祭り

祭りが終わると、「しとぎ」で真っ白に塗られた顔のまま、宮座の膳を「わらづと」に包んで肩にかけ、ほろ酔い加減で家路に就く姿は実にユーモラスだ。

「この白粉を顔に塗るともち肌になって長生きします。白粉は家に帰るまで落してはなりません。火のなかに入れると火事になり、帰って牛馬の飼料にまぜて飲ませると、無病息災になります」と言い伝えられている素朴な祭り、のどかな山里に伝わる五穀豊穣を願う農民たちが長きにわたって守り続けている。

4 朝倉の宮――斉明天皇ゆかりの地を歩く

朝倉市にある原鶴温泉は筑後川中流の右岸に沿ってある温泉街で、県内一の温泉郷となっている。かつて「博多の奥座敷」と言われ、多くの観光客で賑わった。原鶴の湯は無味無臭で透明感があり、源泉温度は四〇～六〇度で少しぬるぬる感があり、肌がなめらかになることから「美肌の湯」とも言われている。このような温泉街も、一九五三（昭和二八）年の水害で壊滅的な被害を受けている。

先に紹介した夏の風物詩である鵜飼が、この地で江戸時代からの伝統漁法として守られている。またこの地は、志波柿（富有柿）の産地としても知られており、鵜飼いとともに柿狩りなどを楽しみに訪れる観光客も多い。

原鶴温泉の宿からは、大きくうねる筑後川の流れを間近に見ることができる。その向こうには広々とした田園風景が広がり、さらに南には耳納《みのう》連山が横たわって見える。

北側には、高山《こうやま》（一九〇メートル）という低い山が迫ってきている。高山はかつて「香山」とも「香具山」とも言われていた。その高山からの展望がなんと言っても素晴らしい。また、眼前には麻氐良山《までらやま》（二九五メートル）が見える。筑後川中流域で一番景観がよく、筑後川がよく見えるビューポイントである。

この麻氐良山は、歴史的にも非常に興味深い所である。第3章でも述べたように、斉明天皇は六六一年、百済救援のために中大兄皇子（のちの天智天皇）、大海人皇子（のちの天武天皇）ら文武百官を従え、朝倉橘広庭宮《あさくらのたちばなのひろにわのみや》へ遷都した。朝倉橘広庭宮を造る際、「朝倉社の木を切り払って宮を造ったため神が怒って殿を壊し，宮中には鬼火が現れ，病死する近侍が多かった」とか、「天皇が崩御された時、朝倉山の上に鬼があらわれ、大笠を着て喪の儀式を覗いていた」と『日本書紀』には書かれている。この「朝倉山」が麻氐良山だろうと言われている。

朝倉橘広庭宮に都が置かれてわずか二か月余りで、斉明天皇は病気のた

高山から見る中流域の蛇行

耳納連山と筑後川

めに崩御された。皇太子中大兄皇子（のちの天智天皇）は、母斉明天皇の遺骸を御陵山の山腹に丸木の殿を造って納め、喪に服したと言われている。この地を恵《え》蘇《そ》八幡宮《はちまんぐう》の「木の丸殿」とか「黒木の御所」と言い、地域の人は「ごりょんさん（御陵山）」と呼んで親しんでいる。

ちなみに、麻《ま》氐《て》良山《らやま》に連なる御陵山の麓にある恵蘇八幡宮の祭神は、斉明天皇、応神天皇、天智天皇である。その一人、天智天皇が詠んだ歌が『新古今集』にある。

朝倉や　木の丸殿に我　居れば　名のりをしつつ　行くは誰が子ぞ

また、小倉百人一首には次の歌が収められている。いずれも、この地で詠まれたものである。

秋の田の　刈穂の庵の　とまをあらみ　我が衣手は露にぬれつつ

朝倉橘広庭宮がどこにあったのかを探りながら、麻氐良山麓を訪れるのも面白いだろう。朝倉宮は須川地区にあったという説が有力であったが、発掘調査の結果、寺院跡の痕跡しかなく、宮跡の確証が得られてない。高速道路を造成する際に志波台地が調査され、計画的に配置された大規模な

恵蘇八幡宮

斉明天皇を一時的に
葬ったとされる御陵山

建物跡が発見されたことにより、志波地区が朝倉橘広庭宮であったのではないかとされている。東に高山《こうやま》（香山）、西に恵蘇八幡、北の麻氏良山、そして南に筑後川が流れ、川の対岸に開けた地の橘田がある。自然の要塞になっている志波地区が、防衛上においても宮にふさわしい場所だったと言われている。

麻氏良山のそばに左右良《までら》城跡がある。秋月種《たね》実《ざね》（一五四八?～一五九六）が豊後の大友氏に備えて日田街道を押さえる要衝に築いた山城で、のちに黒田長政が国境を守るために設けた六つの出城である「筑前六端城」の一つとなった。左右良城主は黒田長政（一五六八～一六二三）の父、黒田如水（官兵衛・一五四六～一六〇四）の家臣栗山利安《としやす》（一五五〇～一六三一）であった。また、麻氏良山の麓、志波政所地区に龍光山

普門院の十一面観世音立像
（国指定重要文化財）

円清寺の銅鐘（国指定重要文化財）

円清寺《えんせいじ》がある。栗山利安が黒田如水の菩提を弔うために建立した寺で、如水、長政、栗山利安の肖像画があるほか、国指定重要文化財の銅鐘がある。日本にある朝鮮鐘では最古と言われている。

そのすぐ側には、聖武天皇（七〇一～七五六・第四五代）の勅願《ちょくがん》により僧行基《ぎょうき》（六六八～七四九）が創建したと伝えられている普門院（真言宗）がある。本堂および本尊の十一面観世音立像は、国指定重要文化財に指定されている。ご本尊は、聖武天皇の等身大の仏像と言われている。また、本堂は鎌倉時代に建造されたもので、『筑前風土記』には、「この寺の仏堂広からずと雖も、その営作の精巧なること国中第一なり」と記されている。

麻氏良山《までらやま》を中心とした一帯は景色もよく、歴史的にも面白い。麻底良山の東の志波地区や西の橘の広庭公園、朝闇神社、天子の森、猿沢の池など、斉明天皇ゆかりの地を散策するのも楽しい。

第6章

筑後川下流域と有明海のかかわり

昇開橋を歩く（福岡県大川市）

1 有明海と筑後川

有明海は閉鎖性の強い海で、流入する河川の影響を強く受けている。とくに筑後川はその影響が大きく、有明海に豊かな恵みをもたらすとともに、小さな環境変動が有明海に大きな変化を与えることもある。ここでは、大きな社会問題となっている有明海環境の現状と、それを取り巻く河川の影響について考えてみることにする。

川がつくった筑紫平野

一万五〇〇〇年前は氷河期で、今より海面が一五〇メートルほど低く、中国大陸と九州は陸続きで、有明海は存在していなかった。次第に温暖化が進み、氷河時代が終わるとともに海面が上昇して有明海が生まれた。

今から六〇〇〇年前の縄文時代がもっとも海面の高いときで（**図6－1**参照）、それから次第に海面が低くなり、筑後川をはじめと

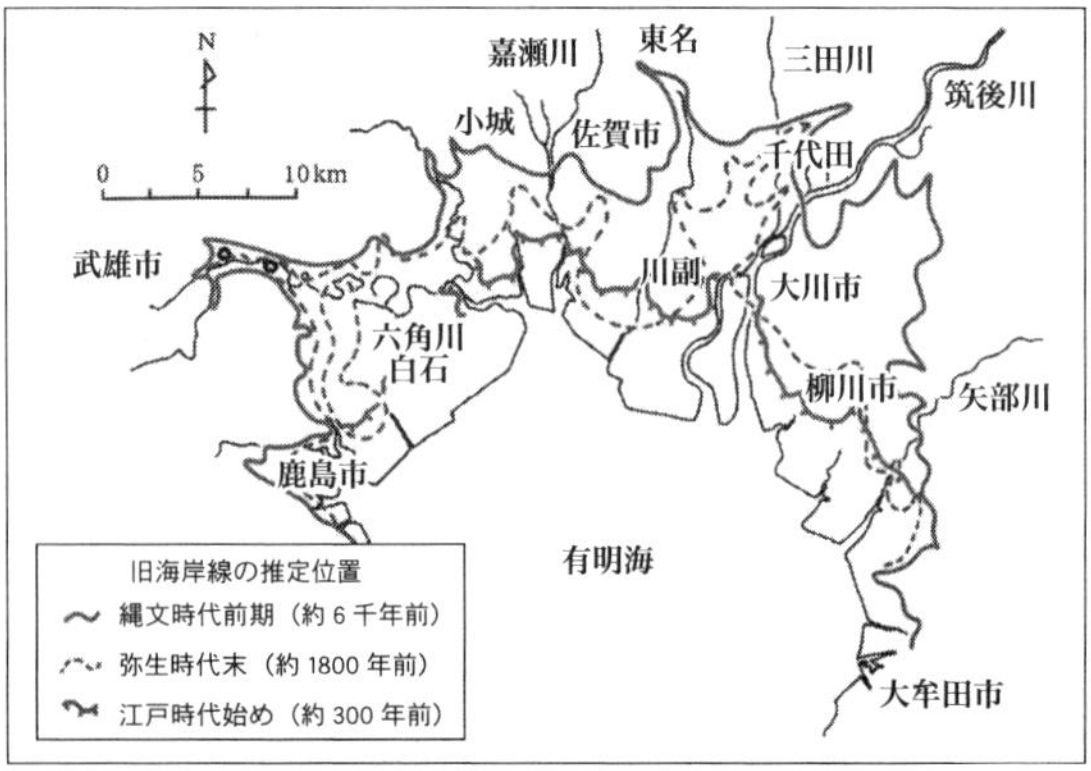

図6－1　海岸線の変化

する川から運ばれる土砂が堆積して筑後平野や佐賀平野が生まれた。筑後川流域では、一年で約一〇センチ、一〇〇年で一キロの陸化が進んだ（**表6－1**参照）。広大な筑紫平野は「筑後川の賜物」と言える。

有明海には国が管理する八本の一級河川（本明川、六角川、嘉瀬川、筑後川、矢部川、菊池川、白川、緑川）と、県が管理する一〇四本の二級河川が流れ込んでいる。一級河川の河口部に大きな平野がつくられているのが分かる。私たちに大きな恵みを与えてくれる広い平野部は、有明海に注ぐ川からの土砂と、干拓に命がけで取り組んだ先人たちの汗の結晶で生まれたものなのである。

一方、**表6－2**は、有明海に流れ込む一級河川と二級河川の流域面積と年間総流入量の平均を示したものである。二級河川の流入量は正確な値が求められていないため、一級河川の流域面積と流入量の比、そして二級河川の流域面積から推定した値を示している。

筑後川は、有明海に流入する河川の流域面積で三五パーセント、流入量で三四・二パーセントを占めている。緑川、菊池川、白川を合わせると、筑後川とほぼ同じ水が流入していることが分かるが、有明海の中程に位置しているため湾の奥部にはほとんど影響を与えていない。

有明海に流入する河川		流域面積 km²	年間総流 億m³
1級河川	筑後	2,860	45.04
	緑川	1,100	18.64
	菊池	996	15.61
	矢部	620	9.29
	白川	480	8.15
	嘉瀬	368	7.32
	六角	341	4.96
	本明	84	1.63
	合計	6,849	110.64
			推定
2級河川		1,303	21.04

表6―2　有明海に流入する河川

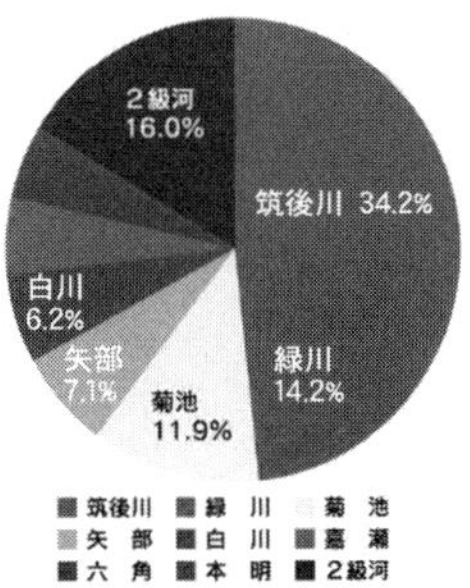

図6―2 流入量の割合

筑後川	10.9m／年
菊池川左岸	15.4m／年
菊池川右岸	14.6m／年
白石平野全面	3.0m／年

表6－1　堆積速度

佐賀平野、白石平野、諫早平野も、筑後川から流出した細かい粘土が有明海北部にある反時計回りの残差流に乗って運ばれて堆積したものが大部分で、筑後川の恵みを巧みに活かしてできた平野と言うことができる。数字のうえでは筑後川が有明海に与える影響は三分の一だが、筑後川が有明海の一番奥に位置していることを考えると、有明海に与える影響は半分以上だと言うことができる。

有明海に注ぐ汚れや栄養分の多くは自然系

有明海には、大きな河川からだけでなく、中小の河川、海岸部の水門などから汚濁物質が流れ込んでいる。海の環境を考えるときには、生活排水や畜産排水に多く含まれる汚れをCOD（化学的酸素要求量）で、プランクトンの異常繁殖の原因となる窒素とリンの量をT-N（全窒素）とT-P（全リン）で示して対策を考えている。**図6－3**は、CODとT-Nの年変化を示したものである。

有明海の環境問題が大きな話題になっているにもかかわらず、環境悪化を示す指標はむしろ減少傾向にあることが分かる。有明海の環境を悪化させる汚濁物質は減少しているのに、なぜ有明海の環境が悪化したのだろうか。この点が、有明海の環境を考えるときに鍵となってくる。

また、**図6－3**は有機汚れと窒素が何に由来するのかについても示している。東京湾や瀬戸内海は、汚れの多くが生活排水、工業排水、畜産排水など人間の活動に由来するものが多い。一方、有明海では、流入する汚濁物質の半分近くを自然系のものが占めている。自然系のものは人間がコントロールしにくいということを考えると、東京湾や瀬戸内海と同じ対策では対処できないことを示唆している。

有機汚れは確かに有明海を汚す原因となっているため、下水道を整備して減少する努力を続ける必要がある。しかし、窒素とリンはプランクトンの異常増殖を引き起こし、漁業や環境に大きな影響を与えるとともに海苔の養殖にとっては欠くことのできない栄養素でもある。また、適当な量のプランクトンは魚や貝の餌となり、豊饒の海「有明海」の基となっている。

植物プランクトンが発生しない透明な海、白砂青松を目指すのであれば窒素とリンをかぎりなく減らすことで目的を果たすことができるが、海苔養殖が安定的に続けられ、豊かな漁業が営まれる有明海にしたいと考えるのであれば、単純に削減すればすむ話ではない。これが、漁業を安定的に継続しながら有明海の環境をよくすることを目標にしている「有明海再生策」がなかなかまとまらない大きな理由となっている。ちなみに瀬戸内海では、陸域から流入する窒素とリンを総量規制で減らした結果、海苔養殖と漁業に深刻な影響を与えており、その対策が真剣に議論されている。

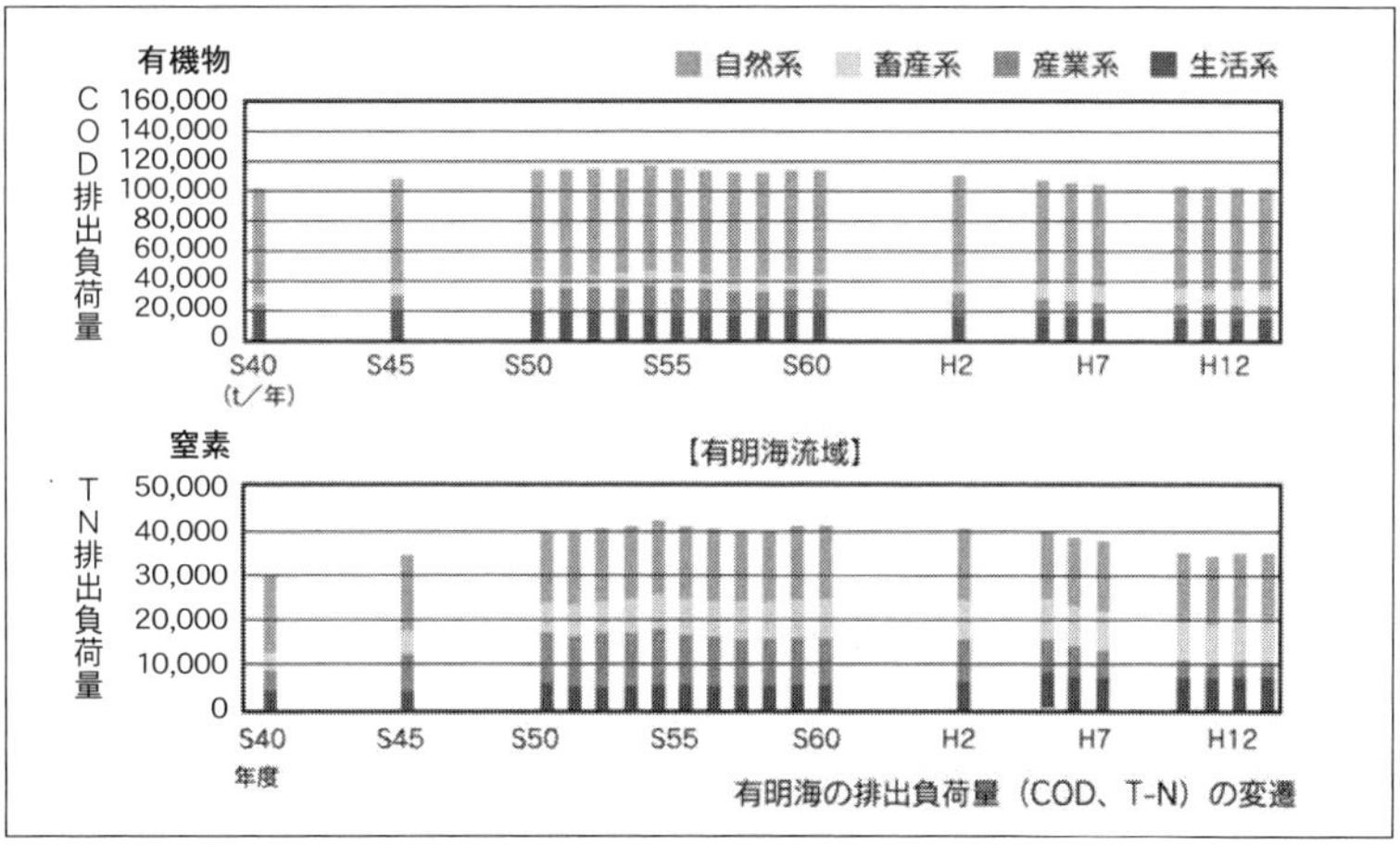

図６－３　汚濁負荷量の年変化

有明海異変

二〇〇〇年の冬から翌年の春にかけて、有明海の広い海域で、大規模な海苔の色落ち被害が発生した。有明海の栄養と太陽の恵みを受けて黒々と育つはずの海苔が色落ちし、茶色に変色してしまったのだ。茶色の海苔など、商品価値はまったくない。

図6－4は、有明海における海苔の生産量を示したものである。四〇億枚前後で推移していた板海苔の生産量が、二〇〇一年（暦年）には一〇億枚以上も落ち込んでしまった。しかも、贈答用に用いられるような高級海苔の割合が大幅に減って、生産額が大きく落ち込んでしまった。

図6－4で分かるように、一九九七年四月一四日に諫早湾奥の潮受け堤防の水門が閉じられて以降、海苔の生産量が次第に減少してきた。漁師たちは潮受け堤防の締め切りが原因だと考え、二〇〇一年正月、干拓水門前で海上デモを行って抗議の意思を表した。有明海の漁業生産と環境問題は一気に社会問題となり、世間の注目を集めることになったわけだが、それが有明海異変のはじまりである。

世紀をまたいで発生した大規模な海苔の色落ちは、「リゾソレニ

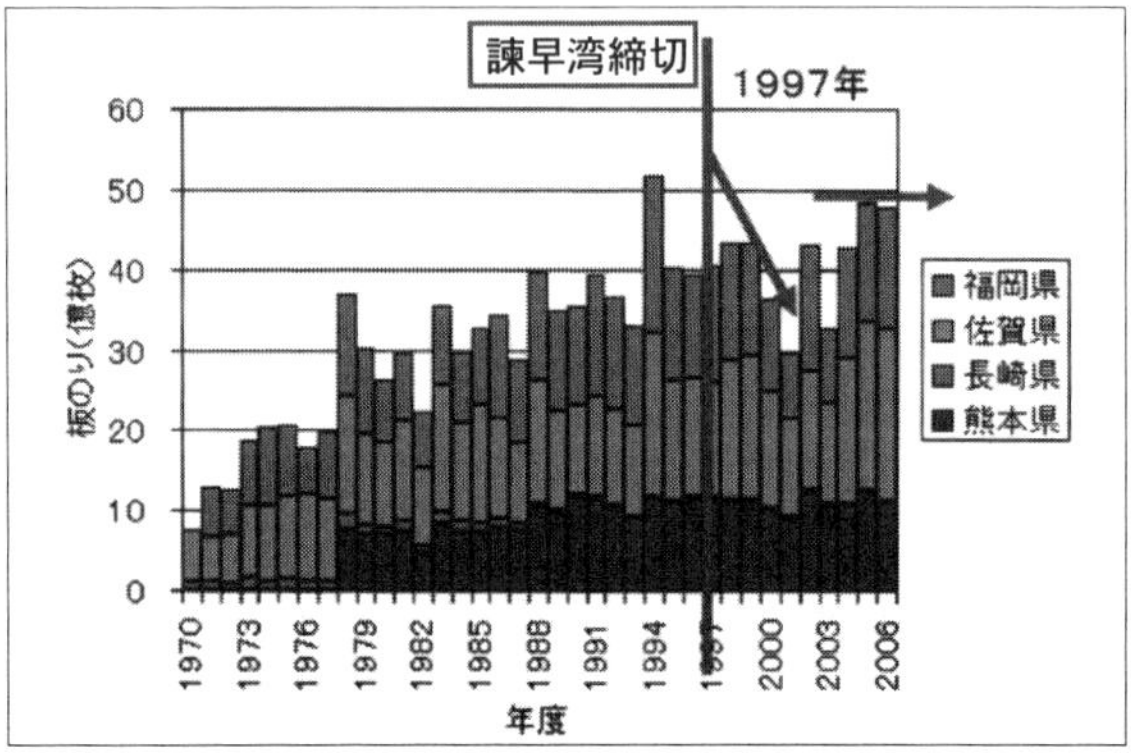

図6－4　海苔の生産枚数

ア・インブリカータ」と呼ばれる大型珪藻の異常繁殖により、海苔の生育に必要な栄養塩を奪われたことが原因である。外洋ではこの大型珪藻は普通に見られるが、沿岸や内湾にはあまり出現例がない。二〇〇〇年秋に大出水があり、大量の栄養塩補給があったにもかかわらず極端な日照不足が理由で普通に見られる小型珪藻が有明海で発生せず、栄養塩が残ってしまった。そして一二月に入って、高塩分、高栄養塩の状態で長い日照時間が続いたため、その条件でしか生きられないリゾソレニア・インブリカータが湾口から入り込み、異常繁殖を引き起こしてしまったのである。

赤潮の専門家は、「これは滅多に起こらない天災である」とその特異性を表現したが、それ以降はこの種の異常繁殖による海苔の色落ち被害が発生していないことから考えると、少なくともこの種の異常繁殖による海苔の色落ちは「天災」と呼ぶべきかもしれない。

その後、二〇〇三年に別の種による赤潮発生で海苔の色落ち被害が発生したが、それ以降は、局所的には色落ちや病害が発生しているものの、有明海全体としては基本的には豊作が続いている。有明海の不安定な海況と気まぐれな天候をなだめながら、有明海の漁師たちが技術の粋を尽くしてつくり上げた、香り高く、口溶けのよい有明海産の板海苔は、我々に有明海の豊かさと恵みを与えてくれている。安定的に有明海産の海苔が生産できること、これが有明海との付き合い方を示唆してくれている。

有明海の二枚貝

有明海における漁業生産の大部分を占める海苔は、筑後川から運ばれる豊かな栄養塩と有明海の大きな干満差を巧みに利用してはいるが、あくまで栽培生産により生み出されるもので、いわば人間の叡智と努力の賜物である。一方、アサリやタイラギやサルボウなどの二枚貝は、とくに栽培と呼べるほどの努力をしなくても湧くように増え、大きな生産に結び付いた時代があった。「豊饒の海・有明海」の原風景である。

図6－5は、有明海における二枚貝の生産の推移を示したものである。一九七〇年にわずか二万トン台だった生産量が、一〇年後には五倍以上の一〇万トン台に急増していることが分かる。この急激な増加は、熊本県におけるアサリの生産量増加が押し上げたものである。それこそ、アサリが湧くように立った「豊饒の海」の風景が目に浮かぶ。

それまで全国のアサリ生産の半分以上を占めていた東京湾のアサリが、都市化や工業化に伴う大規模な埋め立てで急減したことによってアサリの単価が上がり、急激な漁獲圧（取りすぎ）上昇で生産が増えたというのも要因の一つである。

その後、アサリの生産量は急激に減少していった。富栄養化による赤潮増加、底質の変化などといった環境悪化も考えられるが、

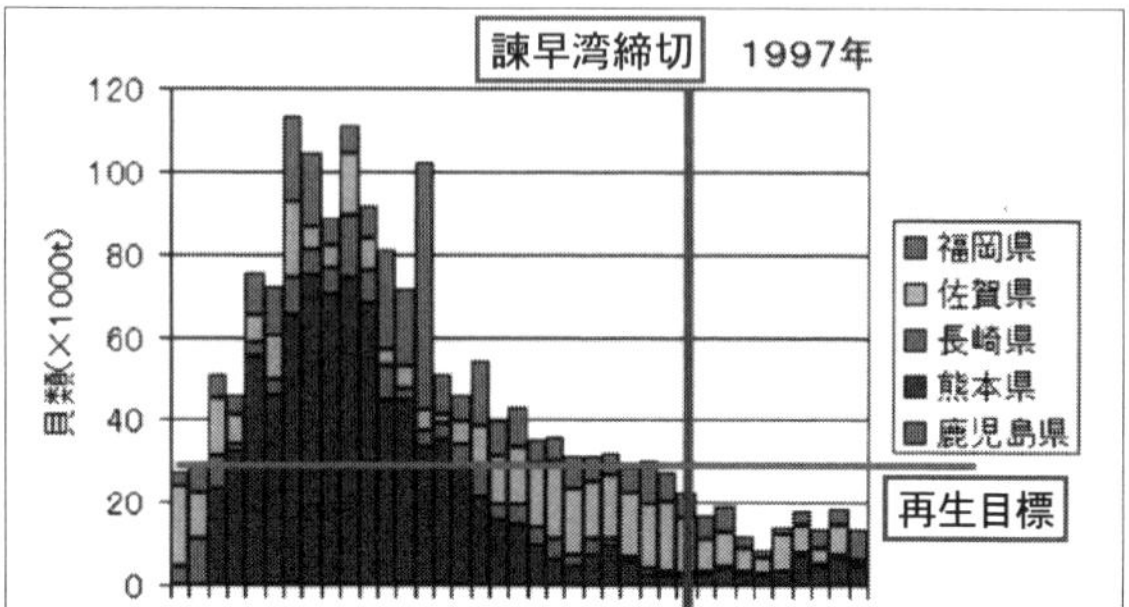

図6－5　二枚貝の生産量

稚貝までも販売用に取ってしまったことや、養殖用の稚貝を全国に供給したことで成貝にまで成長する個体が減少し、浮遊幼生供給量が減少したことが大きな原因と考えられている。

アサリの生産量が急激に減少していた一九八五年頃から、佐賀県の二枚貝の生産が急激に伸びている。泥の海を好むサルボウ(1)の生産量が増加したのが原因である。サルボウの生産が一五万トン前後で推移していた約一〇年間は、佐賀県では海苔の色落ちがほとんど発生していない。サルボウが植物プランクトンを大量に補食し、赤潮の発生を抑えていたのが原因と考えられている。

残念ながら、諫早湾の潮受け堤防が締め切られて以降は次第に生産量が減少していった。単価が低迷していることによる養殖努力の減少も考えられるが、大規模な貧酸素水塊の発生と、「殺し屋」と呼ばれるシャトネラ赤潮の増加が原因で減少したのもまちがいない。いずれにしても、潮受け堤防の締め切りが海苔の生産を不安定にしている一要因と言えないことはない。

一方、タイラギは、貝柱が寿司ネタとして珍重されるなど、高級品として市場に出回ることから商品価値の高い二枚貝である。**図6－6**（次ページ）はタイラギ生産の推移を示したものだが、豊漁と不漁を繰り返しながら次第に減少したことが分かる。とくに諫早湾の潮受け堤防の締め切り以降、急激に減少し、近年はほとんど生産できなくなっている。

（1）多産する二枚貝で、縄文時代から食用として重要なものであった。見た目は小型のアカガイだが、小さいためにアカガイよりも安くて庶民的である。

タイラギは、生存中に二度の危機を迎える。最初は、海中に漂っている浮遊幼生が着底するときである。浮遊幼生は足糸を出して着底しようとするが、自分と同じくらいの砂粒、または貝殻に固定できないと生残《せいざん》できない。また、目指す砂粒や貝殻の上に浮泥が乗っているとやはり着底できない。

着底した稚貝が夏を越せるかどうかが二度目の危機となる。夏の生育期に、立ったまま死んでしまう「立ち枯れ斃死」が数多く見られる。しかし、現時点では、その原因の解明はなされていない。有明海問題において、科学が早急に解明すべき最大の課題でもある。

不漁を続けていたタイラギ漁に明るいニュースが飛び込んできた。二〇〇七（平成一九）年夏、有明海西部地区でタイラギ稚貝が立ち、翌年の夏を無事乗り切って大量に生育したということである。タイラギ漁の基地である大浦港は一三年ぶりの大漁に活気づき、私たちの食卓にも久しぶりにタイラギの貝柱やビラが並んだ。大浦支所だけで一一二トンの水揚げがあったというが、これは前年の九四〇キロと比較すると一〇〇倍以上の漁獲量となる。しかも、三分の二は残っているということであった。そして翌年、三年成育の成貝

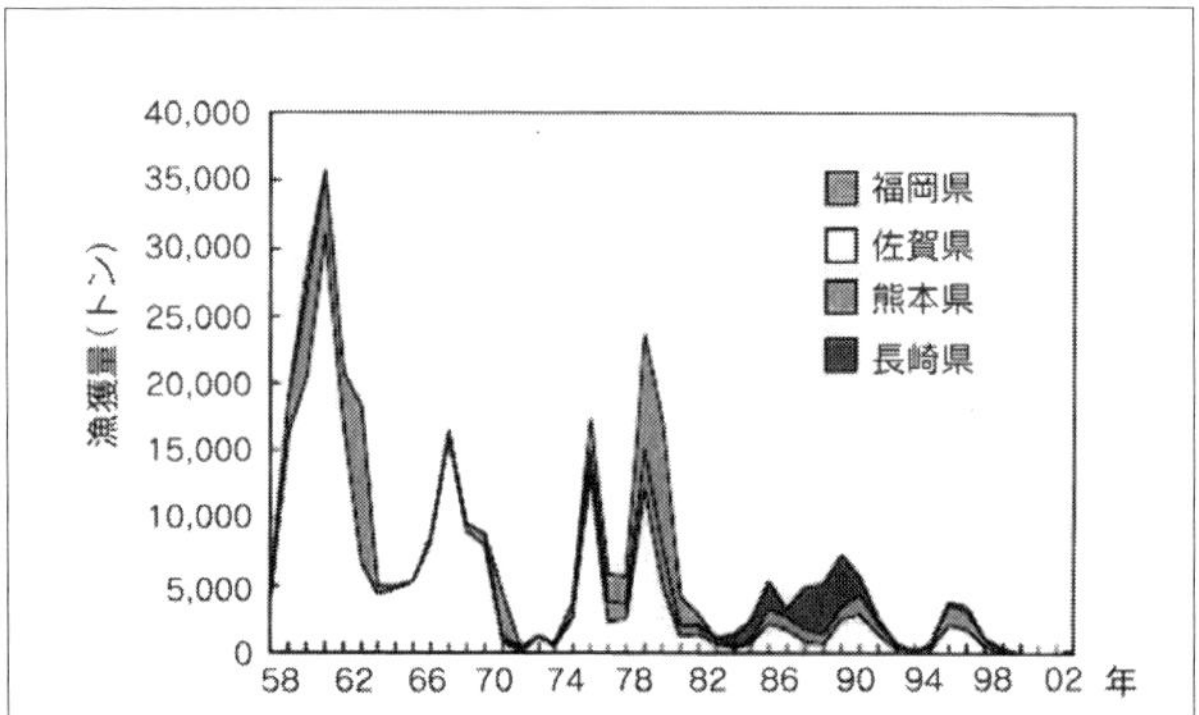

図６－６　タイラギの漁獲量

の漁獲が期待されたが、漁場に発生した貧酸素により全滅してしまった。

アサリ、サルボウ、タイラギ、牡蠣などの二枚貝は、プランクトンを大量に補食し、有明海の環境改善に寄与することが期待される。二枚貝全体で三万トンぐらいが安定して採れる海になることが、漁業生産と有明海環境の両面で有明海再生の一歩と言える。

有明海再生とは

有明海における水産業の売り上げの大部分を占める海苔養殖は、前述した二〇〇〇年度の大不作以来、二〇〇二年度を除くと七年連続で豊作が続いている。もちろん、一部地域ではプランクトンとの栄養の取り合いで海苔の色落ち被害が発生している所はあるが、気象条件に恵まれたことと漁業関係者の叡智と努力で、日本一の品質を誇る海苔の生産が継続されている。

もう一つの生産地である瀬戸内海が、陸域から流入する栄

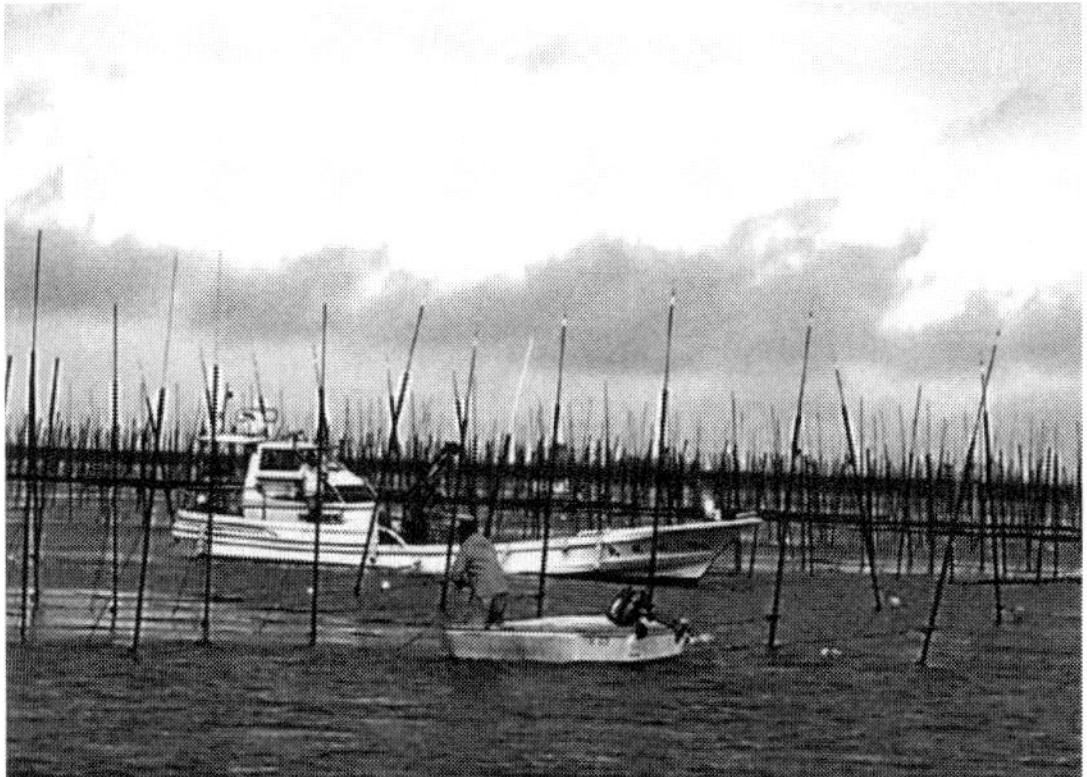

有明海苔漁場

養塩が不足し、慢性的な不作に陥っている状況とは対照的と言える。瀬戸内海には筑後川に匹敵するだけの大河川がないため自然からの恵みが少なく、人間の社会活動によって生じる汚れが貴重な栄養供給源であったわけだが、汚れの総量規制が効きすぎて、汚れのもう一つの側面である栄養が不足する結果となっている。

また、先ほど述べたように、一三年ぶりに有明海西部海域においてタイラギが立ち、タイラギ潜水漁の基地港である太良の港にも活況が戻った。海苔の豊作が続き、タイラギが復活すれば、有明海の環境問題は解決されたことになるのだろうか。海苔もタイラギもイメージ商品である。ムツゴロウが元気に潟の上を跳ね回り、セッカ（牡蠣）がモコモコと島をつくり、アゲマキが水管から塩水をはき出している……そんな元気な有明海の海苔やタイラギだからこそ価値があると言える。

国民は、安全安心を基本的な条件としたうえで、付加価値の高い食品を求めている。ヘドロの海から生産された食品などには、誰も見向きもしない。

有明海の再生とは、安定して漁業生産が継続できることと、有明海が健康で多様な生き物が湧くように生き続けていける海にすることを目標にしなければならない。現状では、二つ目の目標が十分に達成されているとは言えない状況にある。つまり、まだ有明海から目を離すことができないということである。

有明海の環境問題における鍵は貧酸素水塊

有明海における環境問題は、各種の要因が複雑に絡まり合った複雑系の科学である。環境に悪影響を及ぼす毒物が海の環境に投入され、環境に異変が生じたというような単純な図式で説明することはできない。

マスコミでは、諫早干拓による潮受け堤防の締め切りにだけ注目が集まっている。諫早湾で赤潮が増え、貧酸素水塊が発生しやすくなったなど、締め切りが諫早湾とその近傍の環境に悪影響を与えたことは明らかである。しかし、湾奥部の貧酸素発生や熊本のアサリ漁獲の減少までを締め切りのせいにするには無理がある。ムツゴロウも今は元気に干潟の上を跳ね回っているが、三〇年前には干潟上から姿を消し、漁業関係者、研究者たちを慌てさせた。筆者が今もっとも食べたい二枚貝アゲマキは、一九九〇年からわずか二年間で有明海から姿を消してしまっている。これらは、諫早干拓がはじまる以前の話なのだ。

図６－７は、有明海特措法により環境省に設置された「有明海・八代海総合調査評価委員会」の最終報告書に掲載された「有明海環境要因」の関連図を簡素化したものである。最上段に、海苔の色落ち、二枚貝・ベントス（底生生物）の減少、魚類などの漁獲量の減少といった有明海異変と認識されている事象が示されている。

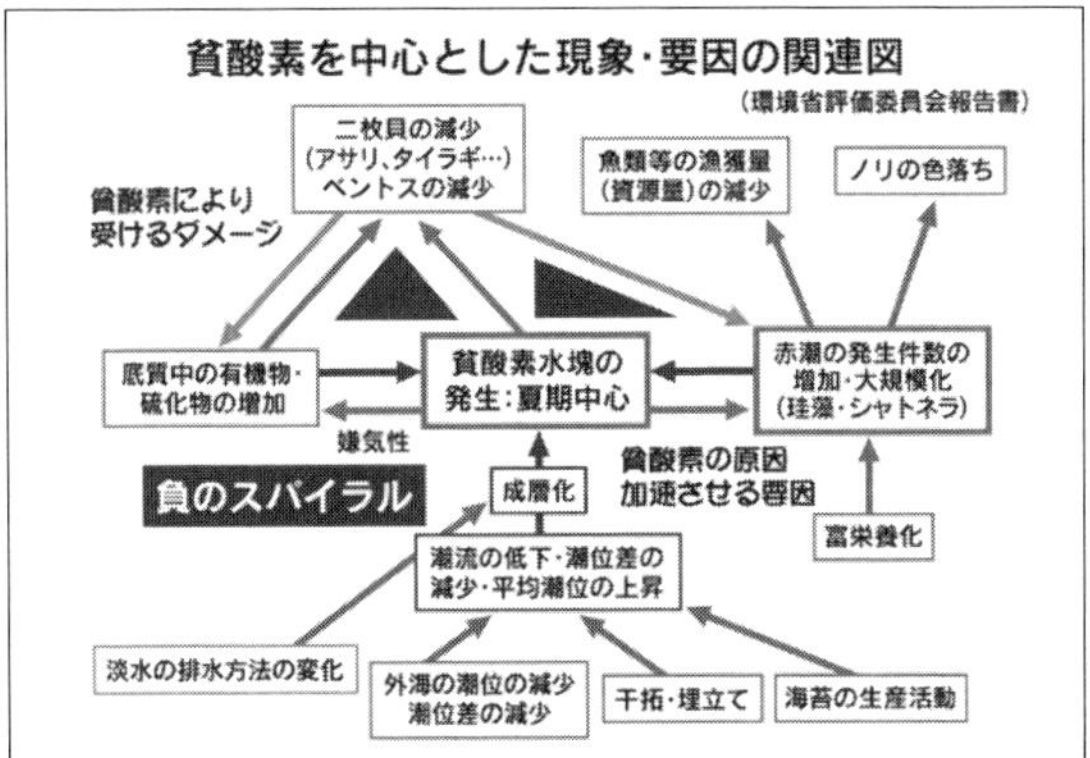

図６－７　貧酸素の要因関連図

その原因と考えられているのが中段である。底質中の有機物・硫化物の増加、貧酸素水塊の発生、赤潮の発生件数の増加・大規模化が生き物たちにダメージを与えたのだ。底質中の硫化物やシャトネラ赤潮は直接生物を痛めつける毒物であるが、その発生を加速させているのが貧酸素水塊の発生である。貧酸素水塊は、バクテリアが有機物を消費するときに使用する酸素の消費量が、大気中から海水に供給される供給量より大きくなったときに発生する。そのため、有機物が増えて海水を混ぜる力が落ちると、より発生しやすくなる。

有明海では、陸域から流入する有機物量よりも、海で発生する有機物のほうが多いことが知られている。海で有機物を増やす原因は、栄養塩の流入増加、透明度の上昇などが考えられる。

データを取りはじめた一九七〇年以降、有明海ではとくに栄養塩の増加があったとは言えないため、最初の原因は考えにくく、潮位・潮流が低下して混ぜる力が減ったことが主な原因だと考えられる。流れがなぜ遅くなったのか、科学者が解明を急いでいる事象であり、最近のデータ分析やコンピュータを用いたモデル計算などによって次第に明らかになってきている。

図6－8は、二〇〇五年八月に発生した貧酸素水塊の発生状況を示すものである。底層の酸素濃度の分布を溶存酸素量で示しており、濃い部分が酸素濃度二〇パーセント以下で、非常に強い貧酸素状態にあることを示している。また、有明海奥部と諫早湾内で独立に貧酸素が発生している様子がよく分かる。

諫早湾の貧酸素は、諫早湾を締め切ったことによって赤潮（プランクトン）が増え、流れが弱くなって発生しはじめたと考えられるので、干拓水門を開放して干潟を回復し、流れを取り戻せば解消する可能性がある。しかし、湾奥部の貧酸素は、佐賀平野、白石平野の干拓以来発生していると考えられていることから、水門の開門だけでは解消しないと覚悟しておかなければならない。

前掲した**図６－７**の上部に、二つの三角形が描かれている。貧酸素水塊の発生によってプランクトンを大量に捕食する二枚貝を中心としたベントスが減少し、有機物やその異常増殖である赤潮が増え、貧酸素を増やす要因となっている。これを「負のスパイラル」と呼んでいる。負のスパイラルに入ってしまうと、環境はどんどん悪化していくことになる。「有明海の再生」とは、この「負のスパイラル」をどうにかして断ち切ることである、と言うことができる。

現時点では「負のスパイラル」を切断する確たる方策は見つかっていないが、有明海に関わっている人たちの経験と科学的な探求を通して、何としてでも探し出そうと考えている。

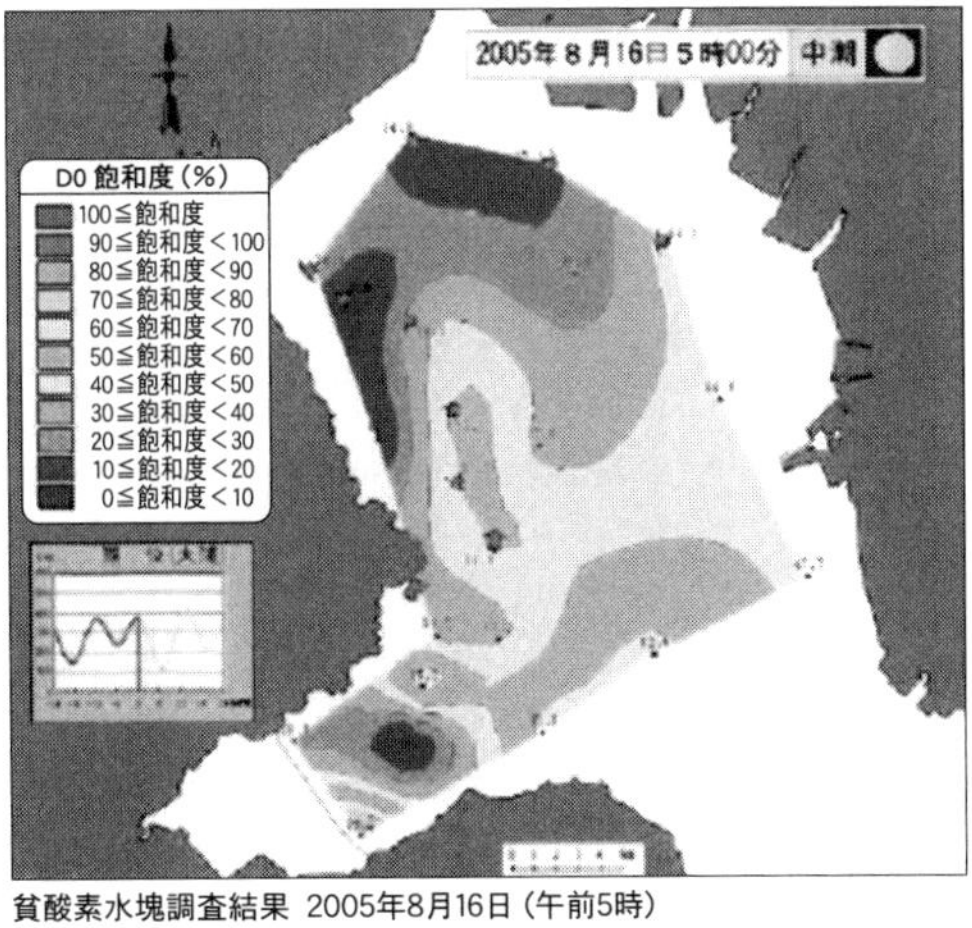

貧酸素水塊調査結果 2005年8月16日（午前5時）

図６－８　貧酸素発生状況

コラム・生き物の大切さを伝える「やながわ有明海水族館」

「子ども達が生き物に興味を持つきっかけになってほしい」という願いのもと、2016 年 10 月にリニューアルオープンしたこの水族館は、学生団体である「有明海塾」が運営している。前身である「おきのはた水族館」は、近藤潤三さんが私財を投じて 2010 年に作ったもので、有明海の珍しい生き物をメインにした展示で人気の水族館であった。館長の入院により閉鎖となり、その後を受け継いだのが「有明海塾長」の小宮春平氏、リニューアルオープン時、なんと 18 歳であった。

小宮館長、若いながらも魚に対する情熱は誰にも負けず、魚に関する知識も豊富で、作業の合間を縫って筑後川や有明海に出掛けては生物採集を進めている。外観を見ても分かるように、手作り感のある小さな水族館だが、約 90 種類を展示している。

メインとなるのは地元の生き物で、有明海のハゼクチやオニオコゼ、筑後川のソウギョ、堀割にすむタナゴやハヤをはじめとして、沖縄のオオウナギなどもいる。また、古代魚であるポリプテルスやチョウザメ、アルビノのレッドコロソマなどといった珍しい魚も観ることができるほか、ニホンウナギやカゼトゲタナゴなど絶滅危惧種も 16 種類いる。これらの生き物は、館長をはじめとする有明海塾のメンバーが日本各地で探してきたものばかりである。

絶滅危惧種になる要因としては、自然破壊や開発行為などがある。環境の大切さや日本の未来について考えるために、この小さな水族館を訪れたい。

水族館の全景

内部の展示

住所　〒832-0066　福岡県柳川市稲荷町 29　　電話　080-4899-2206
営業時間　平日 12:00 ～ 16:30、土日・祝日 10:00 ～ 17:00
休館日　火曜日　　　入館料　一般 200 円（高校生以下無料）

2　筑後川下流の近代化産業遺産群

(1) 驚きの幕末明治の筑後川――若津港の繁栄

ここでは、多くが語られていなかった筑後川河川港の姿を明らかにし、驚愕の幕末明治期の大川若津港の実態を明確化していくことにする。大分県、熊本県、福岡県、佐賀県を流域にもつ筑後川、その下流域の近代史を繙きつつ、筆者が保管している明治大正当時の貴重な写真を掲載し、少し詳しいキャプションを入れて説明をしていく。

江戸期の久留米藩若津港

若津港は、筑後川下流の三潴郡向島に久留米藩により一七五一（宝暦元）年ころに築港されたと言われている。久留米藩における貴重な江戸後期の資料が「三枝家文書」として残されており、野間聡氏が分析資料として「二〇〇八年ゆけむり史学第2号」で紹介している。これは廻船問屋として、また若津港の船の出入りを監視するための藩庁の御用を任ぜられた三枝家が「諸願一件帳」として残したものである。

他藩、自藩の米廻船が若津港に係留する許可願いであり、一八三五（天保六）年から一八三八（天保九）

年までの記録である。その船籍を見ると、周防国二九隻、伊予国一六隻、大阪一一隻、安芸国・筑後国各六隻、長門国三隻、豊前・豊後各二隻、讃岐・肥前・筑前・備前・備後各一隻とあり、すべて大阪堂島への廻船である。ほとんどが瀬戸内のものであり、そのころの特徴が判明する貴重な資料である。久留米藩に曰く「若津に港あり、されど利は他国にあり」となる。

このように、江戸期から筑後国若津港は九州の米を中心とした一大物流拠点であったわけである。

米を中心とした明治前期の水運物流拠点

この一大物流拠点に注目したのが、のちに「佐賀財閥」と呼ばれた佐賀道祖元町の深川嘉一郎（一八二九〜一九〇二）であった。彼は旧佐賀藩所有の船舶を購入かつ拝借し、幕末より米商人として活躍していた。佐賀郡久保田村の「窓の梅酒造・古賀家」出身の彼は、深川家の業容拡大のため若津港を拠点とし新時代の海運業に乗り出すこととなった。さらに、明治二〇年代（一八七八年から）以降には、近代造船業、鉄道車両製造業、炭鉱用重機製造業、セメント製造業などの近代産業も起業している。

ところで若津港は、一八八〇（明治一三）年に政府の施策によって大蔵省常平局若津蔵所が設置され、米価調整の重要度が増す港となっている。そして五年後の一八八五年には、政府命令航路として大阪商船が定期航路・大阪〜若津線に就航しはじめた。

また、若津港は、西洋型蒸気船の出現によってますます重要度を増すことになり、導流堤（通称「デ・レイケ導流堤」、一八九〇年完成）が明治政府によって築堤され、港湾機能が充実してさらなる発展を遂げることになった。そのころに活躍しつつあった海運会社には、「大阪尼崎汽船部」「岩国嶋谷汽船」「佐賀深川汽船（大川運輸株式会社）」などがある。出荷された多くは、当然のごとく江戸時代からつくられていた九州米である。

掲載した**表6−3**は、一八九六（明治二九）年における福岡県内主要港の年間貨物取扱高である。現在に比して、驚愕とも言える若津港の繁栄である。若津港の位置する大川市は「木工産業家具の町」と言われているが、当時の木工生産額は年間五〇万円程度でしかなかった。

若津港の出荷商品を一九〇二（明治三五）年の久留米商業会議所（現・商工会議所）の統計表を見てみると、出荷額の第一位は「米」、第二位「清酒」、第三位「生蝋」、第四位「莫蓙」、第五位「乾物」となっている。とくに清酒については、「米」の加工品として筑後川流域では多くの生産額を上げていた。

明治三〇年代は、若津港から多くの貨客船が神戸大阪航路、東京航路、鹿児島、西南諸島航路と就航し、有明海経済圏の重要港となった。しかし、日清戦争、日露戦争の勝利によって九州の軸は玄海灘経済圏へと移行した。言うまでもなく、大陸進出を踏まえてのことである。これにより、若津港の役割も大正期は減少の一途を辿ることになった。

港　名	出荷額	入荷額
博多港	4,181,345	4,574,276
若松港	5,558,746	3,321,004
大牟田河口	2,054,806	460,514
若津港	**9,698,744**	**7,549,674**
	当時は輸出と表示	当時は輸入と表示

表6−3　主要港の年間貨物取扱高　（単位：円）

第一深川丸建造（明治 38 年）
船台上の第一深川丸は木造であった。手前の石造構造物は造船所の船渠（ドライドック）は約 60m長で受け入れ 1,300 t の規模を誇る、有明海沿岸では最大のものであった。

明治 30 年　若津東京線就航式
明治 30 年 5 月、若津東京線の深川汽船佐賀丸就航式の様子で当時の蒸気船や和船が写る貴重なもの。

明治末期　若津港桟橋付近
筑後川下流から若津港桟橋付近の情景である。右側の豪壮な建物は深川家若津別邸で「天福閣」と呼ばれた建物であり、その地は現在、大川市の児童公園となっている。また、写真中の隣の遠景建物は三瀦銀行本店、明治 42 年完成で現在も保存されている。

明治 41 年　深川造船所遠景
佐賀諸富側から撮影されたもので建造中の第二深川丸が船台上にある。中央のクレーンは 25 t 積載。

明治から大正にかけ

大正初期の深川商店・深川造船所本社
前記史料２の大正時代の写真であり、２階建ての洋風本社事務所である。筑後川の中に筏の上に乗せられて渡船中の深川家所有のフォード車が確認でき、３代目社長喜次郎は佐賀から対岸大川若津の本社に出社していたと推察できる。

明治末期　深川商店
左側の高い煙突は深川商店精米機用の蒸気機関煙突である。中央右の建物は明治 24 年創立の大川運輸株式会社（後の深川造船所）事務所である。

大正初期　福博電車完成直前
木骨木造の構造に鉄板、ガラスを張り出荷された。車両は九州各地の鉄道に供給。

大正初期　福博電車建造中
造船所では船舶以外に炭鉱用重機、鉄道車両も製造された。大川伝統の木工技術が採用され車両を木骨木造で製造。

若津港の近代化と深川家の躍進

少し時代を遡ることにする。佐賀深川家の若津進出は一八七一（明治四）年の廃藩置県後であるが、これにより、若津港の近代化、ひいては佐賀および筑後の近代化に多大な影響を与えることになった。

佐賀鍋島藩の御用商人であった深川嘉一郎（旧姓・古賀）は、本家の酒造業から経済の要であった米販売業に転身した。彼は米相場価格の乱高下によるリスクを回避するために深川姓を購入し、分家したと筆者は推察しているが、大きな時代の流れに遭遇することとなる。

それは一八七六（明治九）年に三井物産会社が若津に出張員を派遣し、日本全土に向けて米の買い付けの拠点を構えたこと、一八七七年に西南戦争が勃発し、軍需米、軍需物資の輸送に若津港が使用されたことである。彼はこの時代の流れに乗じて利益を確保し、米商店から米廻船業へ大きく踏み出すこととなった。

また、前述した明治政府の米価調整の蔵所が全国に五か所設置されたこともあり、政府の経済施策の一端を担うこととなった。このような状況下、彼は江戸期より続く「九州西回り航路」、つまり島原半島を回り、長崎五島線、そして瀬戸内を経て、大消費地である神戸や大阪に米を運び、近代海運業として活路を見いだした。とくに、

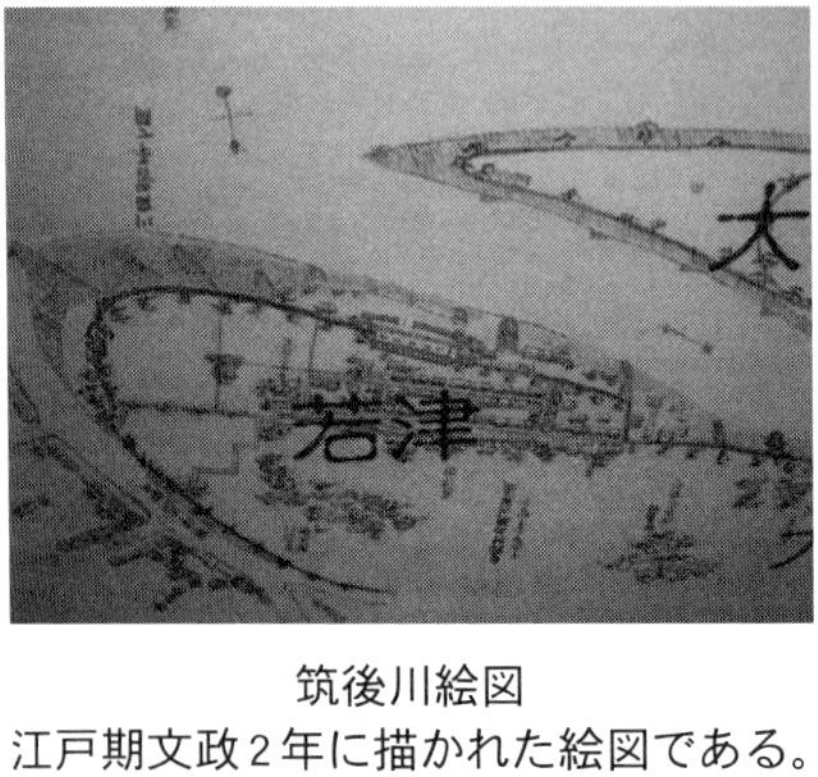

筑後川絵図
江戸期文政２年に描かれた絵図である。中央の若津の文字の上の長い建物が「林田家若津蔵」である。この敷地に明治５年頃に佐賀深川家が進出し深川商店若津支店となる。

一八八五（明治一八）年ごろには近代洋式蒸気船の建造にも着手している。

さらに彼は、明治日本の経済発展に伴い、一八九一（明治二四）年には大川運輸株式会社を設立し、造船の工務部、海運の汽船部からなる組織にて法人化を図っている。こうして若津港の近代化は、佐賀深川家を中核としてスタートした。

（２）河川港の大川若津港――明治期の物流拠点を支えた経済活動

通信の重要性

先ほど大阪堂島との米物流を論じたわけだが、それに関して興味深い論述がある。『旗振り通信』（柴田明彦著、ナカニシヤ出版、二〇〇六年）によると、堂島米会所の米価情報は、江戸期より、約二〇キロ間隔の「旗振り場」を通じて西は九州筑後若津まで伝わったとある。

一八七三（明治六）年、筑後若津に郵便取扱所が開設され、翌年に若津五等郵便局となったが、これは福岡県内では四番目に古い設置である。そして、一八八〇年には三等に昇格し、郵便為替の業務開始となる。その後、電信については一八八七年に若津三等電信局が開設され、近代通信の恩恵を被るこ

年代		福　岡	久留米	大川若津	佐　賀
明治20年	発信数	38,538	9,792	12,123	13,328
	着信数	39,253	13,131	11,941	17,132
明治30年	発信数	96,687	26,991	19,358	30,159
	着信数	101,321	30,632	19,561	36,503

表６－４　九州各地電信局の発着信数

となった。参考までに、九州各地電信局の発着信数比較を**表6－4**として掲載しておこう。

一八八八年には佐賀～若津間に筑後川水底ケーブルも架設され、通信網が充実していった。人口規模を見ても、大川若津（約一万人）は久留米の三分の一でしかなかったが、海運の展開と通信頻度はその繁栄を物語っている。

金融機関の進出

対岸にある佐賀市諸富《もろどみ》港と大川市若津港は、当時、あわせて「大川口」と呼ばれるエリアであった。**表6－5**は、一八九七（明治三〇）年ごろの「大川口金融機関一覧」である。

各地から金融機関が多数進出し、佐賀財閥深川家姻戚の伊丹栄銀行、同じく古賀銀行、五島航路と平戸三友銀行、櫨蝋《はぜろう》生産者発起人の第一七銀行、八女茶出荷業の成産《せいさん》銀行などの例が物語るように、地元久留米と大川は物流と金融という両面において密接な関係があったと言える。筆者の

銀行名	本店	支店開設年	本店設立年
栄	佐賀	明治 17（諸富）	明治 15
古賀	佐賀	明治 19（若津）	18
第 17 国立	福岡	28	10
三友	平戸	23	16
成産	八女	26	26
第 61 国立	久留米	28	11
山口	大川	26	26
鐘ヶ江	大川	27	27
久留米貯蓄	久留米	29	29

（注：鐘ヶ江銀行は三潴銀行と改称）

表6－5　大川口の金融機関一覧

推察では、当時における銀行出店数では九州隋一であった。

鉄路「軽便鉄道」の出現

大川口の鉄路は、佐賀馬車鉄道が一九〇四（明治三七）年、諸富石塚に開通したことに端を発す。明治四〇年代、若津深川造船所が蒸気機関車、客車、貨物車を製造しはじめ、三潴《みづま》軌道柳川線と羽犬塚線が明治四二年に開通したほか、また何軒かの酒造元が一九一二（大正元）年に大川鉄道を開設し、軽便鉄道にて海運と周辺の各地が連携することとなった。ナローゲージの最小鉄路とはいえ、大正初期までには若津港に近代インフラが整備されたわけである。

ちなみに、これらの鉄道車両は深川造船所で製造されたものである。そして、一九三五（昭和一〇）年、若津港付近には旧国鉄佐賀線の筑後川橋梁（通称：昇開橋）が完成していることはご存じの通りである。

ここでは明治期の若津港に関する繁栄の様子を繙いたわけだが、地元大川市にこの歴史的事実に対する認識が甚だ不足しており、これを活かした取り組み姿勢が見受けられないと感じられる。

大正初期の祐徳軌道蒸気機関車

（3）新発見、明治若津港の廻船問屋熊井家文書

熊井家文書の内容

若津港における繁栄時の新資料が出現し、調査した結果、筑後川舟運と米物流の姿が判明した。二〇一七（平成二九）年三月より大川市若津の「旧家熊井家古文書」が調査公開され、筆者は分析および検討をすることとなった。

熊井家とは、「武屋」や「武駒本店」と呼称され、福岡県三潴郡大川町向島若津港で廻船問屋と醤油醸造を営んでいた大店であった。明治期の当主は熊井駒次郎であり、武屋駒次郎すなわち「武駒」である。その場所は、一八八〇（明治一三）年に設置された大蔵省常平局若津蔵の道路向かいの東に位置していた。一八九〇（明治二三）年に発

船名　「金州丸」大川運輸：深川汽船部、
明治 35 年 12 月 20 日 出航、行先兵庫

（品目）	（数量）	（産地）	（米問屋）
上郡米	百　俵	吉　井	中野門三郎
上郡米	参百俵	吉　井	中野門三郎
上郡米	百拾俵	吉　井	中野門三郎
上郡米	弐百俵	田主丸	中野門三郎

表 6 − 6　熊井家文書「大阪輸出帳」に書かれていた内容

熊井家文書の表紙

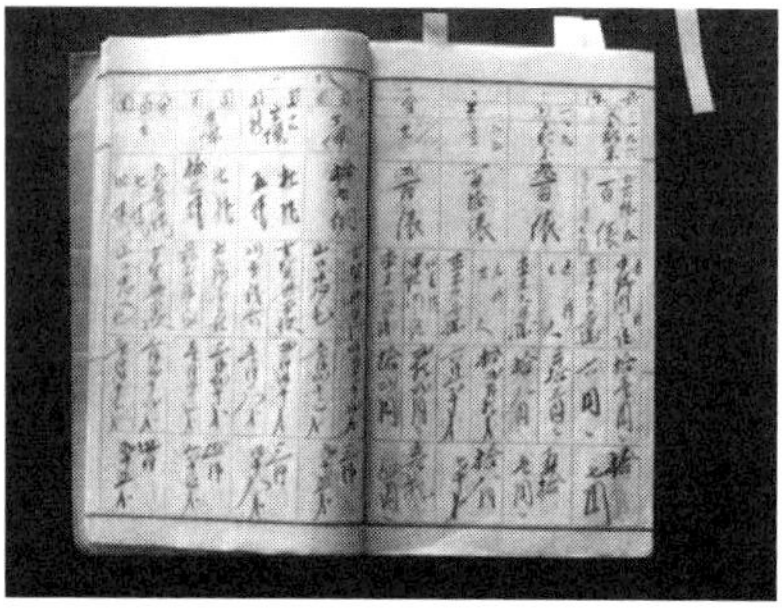

熊井家文書の内容

刊された「筑肥有名家独案内」（国立国会図書館デジタルコレクション所蔵）に銅版画として描かれ、現在も住宅が残っている。

古文書の分類としては、「長崎輸出台帳」「大阪輸出台帳」「各湊輸入台帳」「乗客人名帳」「船客人名簿」「熊井家出納台帳」などの約五〇冊からなる貴重な水運・海運の記録が残っている。これらは、一八九二（明治二五年）から一九〇八年までの記録であるが、長崎、大阪のみならず、東京、鹿児島方面にまで航路が延長されていたことが分かる。また、文書の仕訳明細には「船名」と「日付」があるほか、出荷先、品目、数量、出荷元、扱い手数料が一行にまとめられている。

東京や神戸に多くの米が出荷――「久留米商業会議所統計書」による

統計書の内容について筆者は以前に確認していただけに、この熊井家文書が裏付けるものとなった。その内容の一部、米に関するものを紹介しておこう。

米一石は一五〇キロに当たり、吉井出荷米同業組合は東京に約六〇〇〇トン、神戸に約三〇〇〇トンの地元産米を年間出荷していたことになる（表６－７参照）。この米は大川若津港より長崎、五島列島、関門海峡、瀬戸内、

東京	3,983
大阪	640
神戸	2,050
県内	1,068

表６－７
吉井出荷米同業組合の
明治 35 年米出荷量：7,965 石

東京	4,058
大阪	650
神戸	2,190
県内	974

表６－８
田主丸出荷米同業組合の
米出荷量：8,115 石

（出典：明治 37 年久留米商業会議所編集「久留米商業会議所統計書」）

神戸、大阪、東京への江戸から続く「九州西廻航路」による出荷であった。

江戸期より吉井、田主丸の地域は「上三郡《じょうさんぐん》」と呼ばれブランド名「上郡米《じょうぐんまい》」として出荷されたことが推測できる。筑後川中流の米が東京・大阪方面に多く出荷されていた貴重な一次資料が出現したことによって、筑後川中流の吉井町や田主丸町から一本帆（和船二〇石程度）の川船で河口の若津港まで運び、西洋型蒸気船に積み替えて当時の大都市東京、大阪、神戸へ出荷したという事実が判明した。また、**表6－6**にある米問屋中野門三郎とは、浮羽郡川會村出身の米商人で、この地域の実業家として名を残したほか、浮羽郡会副議長の要職を務めた人物である。

今後の方向性

他の出荷品と産地などについては今後調査研究する予定としているが、「熊井家文書」に書かれている内容では次の事項となる。

❶ 久留米を中心とした櫨、木蝋の物流
❷ 八女福島の製茶業の物流
❸ 全国から若津港へ入荷した生産品の特色
❹ 筑後地区の他県への移動に関する特徴

現在の若津港と導流堤。右側福岡県若津中央の線、筑後川の背割り構造物が筑後川導流堤である。

コラム・若津港異聞 ―― 女優 李香蘭《りこうらん》について

最近、若津港の歴史に花を添える事実が出現した。国際派女優として波瀾《はらん》万丈《ばんじょう》の生涯を送った李香蘭、日本名「山口淑子」との縁である。李香蘭は、1920 年２月 12 日、山口文雄とアイ（旧姓石橋）の間に、中国大陸東北部の奉天北煙台で生を受けた。父が南満州鉄道で中国語の教師をしていたため、彼女は日本語と中国語に堪能であった。そして 1938 年、中国人スターして満州映画協会からデビューを果たし、端麗な容姿から人気は急上昇した。

終戦後、日本に帰国してからも国際派女優としての名声は続いた。ご存じのように、参議院議員へも転身している。この伝説の女優が、筑後川流域とどのような縁があったのだろうか。父の文雄は 1889 年に現在の武雄市に生まれ、17 歳で中国に渡っている。一方、母のアイは 1894 年に若津で生まれた。アイの父石橋近次郎は、若津港で廻船業《かいせんぎょう》を営んでいたことが、1890 年刊の『筑肥有名家独案内』（国会図書館蔵）に「汽船廻漕《かいそう》業先後屋・石橋近次郎」という記述で分かる。ところが、1909 年の三潴《みづま》軌道、1912 年の大川鉄道と、若津港に鉄路が開設されたことで廻船業者が立ち行かなくなった近次郎一家は、新天地を求めて朝鮮半島に移住した後、親戚を頼って満州撫順へ移った。

さて、李香蘭だが、スターの座をつかんだ後、司会者としても活躍した。そして、1974 年の参議院選挙（全国区）に出馬する際、ここ若津の地を訪れていた。母方の家系である石橋家ほか、親類縁者へ挨拶回りをしている。若津港の繁栄と衰亡――この変遷がなければ大女優が生まれなかったかもしれないと思うと、歴史の不思議さを感じてしまう。

大川市明治通りを走る三潴軌道羽犬塚線（110 年前・右）と現在。
電柱の位置が同じである。電気が大川市に配電されたのは 1909 年である。

明治一五〇年を迎え、貴重な一次資料が顕在化し、この地域の水運、海運の近代史に若津港の真の姿が見えてきたと感じている。この筑後川下流域には現存した構造物はないが、佐賀セメント、九州セメントなどの深川造船所を核とした明治期の近代産業遺産が点在しているほか、若津港の近代化、港湾設備充実に寄与した筑後川導流堤（通称デ・レイケ導流堤）は現在も残っている。

ここでは簡単に述べてきたが、筑後川下流の近代化産業群の歴史的事実は明治日本の近代化に大きく影響していたことが分かる。また、本論のなかで一部触れた筑後川導流堤も関連しているわけだが、筆者はその研究論文も発表しているので（「ISHIK2016」SAGA University、「河川」公益財団法人日本河川協会編、二〇一八年）、あわせてご覧いただきたい。

第7章

筑後川支流紀行

震動の滝（雌滝）

震動の滝（雄滝）

（大分県玖珠郡九重町）

1 玖《く》珠《す》川《がわ》・鳴子川――筑後川最大の支流と九《く》重《じゅう》連《れん》山《ざん》を水源とする川

九重連山の大船山（一七八六メートル）、平治岳（一六四三メートル）、三俣山（一七四五メートル）、久住山（一七八七メートル）に囲まれた標高一二三〇メートルの盆地が「坊がツル」である。その中央を、久住の山々の水を集めた鳴子川が蛇行して流れている。坊がツルには、久住山や大船山の登山基地で、キャンプ場があり、四季を通じて大勢のキャンパーが訪れている。また、「法華院温泉山荘」は九州で一番高い位置にあり、古くから登山や湯治客に人気のある秘湯としても有名である。

坊がツルと久住高原にあるタデ原湿原は、「くじゅう坊がツル・タデ原湿原」としてラムサール条約に登録されている（二〇〇五年一一月八日）。五三ヘクタールにも及ぶこの湿原が、筑後川最大の支流である玖珠川・鳴子川の源流である。地元の人々は、「九重連山の一つ、大船山にある御池こそ源流である」と語っている。一方、タデ原湿原からは、三俣山麓の原生林からの湧水を水源とする白水川が流れている。白水川は、「震動の滝」付近で鳴子川と合流する。

九重“夢”大吊り橋

鳴子川流域の景観は筑後川上流でも屈指である。紅葉の名所「九酔渓」や歩道橋としては日本一の高さを誇る「九重〝夢〟大吊り橋」(1)があり、一年を通して多くの観光客が訪れている。大吊橋から見る鳴子川源流域の「震動の滝」（本章トビラ写真参照）や渓谷といった自然の造形美は、息を呑むほどの絶景である。

豊後中村で、湯布院水分峠にから流れてくる野上川と鳴子川は合流して玖珠川となる。鳴子川渓谷の玖珠町から天瀬《あまがせ》にかけては、江戸時代から文人に愛された「桜滝」、大蛇伝説をもつ「慈恩の滝」、小松女院の悲恋物語を伝える「三日月の滝」などが続くほか、松木川には国指定の名勝である「竜門の滝」もある。

玖珠川を少し下った左側、玖珠町には万年山《はねやま》（一一四〇・三メートル）や伐株山《きりかぶやま》（六八五・五メートル）といった特異な形をした火山がある。万年山は二段の卓上台地（メサ）となっており、「玖珠二重メサ」として日本の「地質百選」に選ばれている。一方、伐株山はメサが侵食さ

桜滝

竜門の滝

（1）標高七七七メートル地点に架かる、長さ三九〇メートル、川床からの高さ一七三メートルの橋で、日本一の高さを誇る人道専用吊橋である。ちなみに、日本一の長さを誇る吊り橋は静岡県の三島大吊り橋（スカイウォーク）となっている。

れてできた「ビュート」と呼ばれる地形の典型例となっている。

玖珠町は、童謡『夕やけ小やけ』の作詞者でもあり、「日本のアンデルセン」と言われている久留島武彦（一八七四～一九六〇）の生誕地である。毎年、こどもの日に「日本童話祭」が開催されている。

玖珠川流域にも多くの滝があって、自然豊かな景観を有している。ダムはないが、多くの地点から発電や農業用に取水されているため、至る所が減水区間となっていて、いわゆる「やせ川」となっている。

さらに下った天ヶ瀬と日田の中間あたりには、こうした玖珠川水系の発電所を統合している「女子畑《おなごはた》発電所」がある。この発電所は、日田大山での「水量増加運動」の発火点としても知られている。女子畑発電所に取水される前の豊かな川の流れは、天ヶ瀬温泉街で見ることができる。そして日田市に入って、本流の大山川（筑後川）と玖珠川は合流する。

この玖珠川と鳴子川の流域は、文字通り筑後川上流を代表する山と川の景観が展開される自然豊かな一帯であり、「おすすめエリア」と言える所である。

2 大肥川《おおびがわ》――陶の里小石原と山岳信仰の霊地を行く

筑後川の支流大肥川は、ＪＲ夜明駅の所で筑後川本流の夜明けダムへと注いでいる。ちょうど、筑後川の上流域と中流域の境にあたる所であり、ＪＲ久大本線と日田英彦山線(2)の分岐点でもある。朝の一〇時ごろ、日田彦山線の小倉行き列車、日田行の列車、上り「特急ゆふ号」、下り特急「ゆふいんの森号」という四本の列車が停車または通過するといった、鉄道ファンにはたまらないビュースポットとなっている。

ＪＲ日田彦山線は、大肥川沿いに走っている。川沿いの田園風景を楽しみながら国道211号を歩き進めると、素晴らしい「鏝《こて》絵」を施した古い建物に出合う。大肥町にある「老松酒造」の壁に描かれているものである。鏝絵とは、漆喰《しっくい》を塗った上に、鏝で竜や虎、カエルやウサギなどを浮き彫り風に描き出したものである。

少し下った所に、老松神社の泉より湧き出ている清浄な水で酒造りをはじめたという「老松酒造」がある。創業が寛政元年（一七八九年）というから、二〇〇年を超える歴史がある。「麦焼酎も米焼酎も、深みのある落ち着いた熟成焼酎である」という説明を聞き、思わず「閻魔」という焼酎を買ってしまった。

老松酒造の鏝絵

（２）二〇一七年七月の九州北部豪雨で被災し、添田駅（福岡県添田町）と夜明駅（大分県日田市）の間が普通となった。二〇一九年三月現在、復旧のめどは立っていない。

すぐそばには、文化元年（一八〇四年）創業の清酒「角の井」を造っている「井上酒造」がある。大肥川を流れる伏流水を利用しているのであろう。井上酒造は、大正時代に日本銀行総裁を務め、大蔵大臣にも就任した井上準之助（一八六九〜一九三二）の生家でもある。

現在、生家は「清渓文庫」という記念館になっており、遺品や直筆の書簡など、激動の時代を物語る貴重な資料が展示されている。展示された資料のなかに、バーナード・リーチが造った小鹿田焼《おんたやき》の絵皿が飾ってあった（一四四ページ参照）。小鹿田焼の窯元は、日田市大肥町から山一つ越えた所にある。

国道211号は、日田市大肥町から福岡県朝倉郡東峰村に入る。朝倉郡東峰村《とうほうむら》には、宝珠山駅、大行司駅、岩屋駅というJR日田彦山線の駅が三つある。かつて、東峰村は産炭地として栄えた。産出した石炭を三つの駅から運搬していたわけである。筑豊の「石炭王」と呼ばれた伊藤伝右衛門(3)が、飯塚市にあった邸宅の一部を宝珠山に移築して宝珠山炭坑幹部社員の社交場「炭坑クラブ」として使った建物は復元されていて、「山村文化交流の郷　いぶき館」となっている。かつて、宝珠山炭坑では、「日本一」と言われた炭鉱住宅を整備し、大肥川の清流を汚濁しないようにと浄化装置まで設置していたという。

「いぶき館」には、伊藤伝右衛門と柳原白蓮の資料などが展示されているほか、「高倉健展」が常時開催されている。というのも、高倉健の父が宝珠山炭坑で働いていた関係で、少年時代に高倉健がよく来ていたということだ。「いぶき館」の側を流れる大肥川の川底には、オオムガイ、サメの歯、貝など古第三紀の動物化石や、落葉樹の植物化石などが採取されている。地質学的に大変興味深く、面白い場所である。

東峰村の中心地である大行司で合流している川がある。大日岳（二五〇一メートル）や釈迦岳（一二三一メートル）を源流とする宝珠山川《ほうじゅやまがわ》だが、その源流近くには「日本棚田百選」に選ばれた「竹地区の棚田」がある。この地には、山岳信仰の重要な修行場であった岩屋神社もある。岩屋神社の本殿は国の重要文化財となっており、ご神体は天から飛来した宝珠石（「星の玉」とも呼ばれている）だと伝えられている。

このエリアは、英彦山（一一九九メートル）、大日岳、釈迦岳などからの火山噴出物が浸食されてできており、天然記念物の奇岩群と窟群が形成されている。春には天然記念物のゲンカイツツジ、シャクナゲなどが、秋には真っ赤に燃える紅葉が楽しめる。岩屋公園の花めぐりや、奇岩群や窟めぐりもハイキングコースとして大変面白い所である。

（3）（一八六一～一九四七）二番目の妻燁子（柳原白蓮・一八八五～一九六七）との離婚劇「白蓮事件」でもその名が知られている。

竹地区の棚田

岩屋公園内にある岩屋神社。
なんと、532 年から存在する歴史の深い神社

ＪＲ日田彦山線の岩屋駅前には、釈迦岳トンネルから湧き出す岩屋湧水がある。環境省の「名水百選」に認定されていることもあり、連日、湧水汲みの人で賑わっている。一方、宝珠山川沿いに走るＪＲ英彦山線の岩屋駅から大行司駅の間には、日本の「近代土木遺産」に指定されている三つの「めがね橋」がある。撮影ポイントになっているらしく、冬のライトアップ時には、カメラを持った多くの人たちが夜列車の通過を待って、幻想的な光景を狙っている。

宝珠山川から大肥川へ戻って、国道211号を上る。小石原鼓釜床《つづみかまとこ》という所で唐臼の音が聞こえてくる。そこは、高取焼宗家である。初代「八山」の名を一子相伝によって代々受け継いでおり、現在、一三代目となる高取八山が四〇〇〇年の伝統を守りながら茶器を中心に美への探求を続けている。

大肥川の源流は東峰村小石原皿山である。大肥川の浸食が激しく谷を深めていったため、もともとは小石原川だった一部が大肥川に流れ込むようになってしまった。「河川の争奪」と言われる自然界の営みが、大肥川源流にある皿山唐臼付近で見られる。小石原は、次に紹介する小石原川の源流でもあり、大肥川の源流でもある。また、遠賀川の源流でもあることから、小石原は「源流の里」と言うことができる。

遠賀川の源流の碑

高取焼窯元の唐臼

3 小石原川――水と文化の歴史ゾーン

行者杉

　樹齢二〇〇年から六〇〇年という杉の巨木が三七〇本ほど立ち並んでいるエリアがある。これを「行者杉」と言い、大きい杉には「大王杉」「霊験杉」「境目杉」「鬼杉」などといった名前が付けられている。

　そのなかでもとくに大きい「大王杉」は、幹周り約八・三メートル、高さ約五五メートルもあるという。その大きさには圧倒されてしまう。古来より神聖な山として信仰を集めた英彦山はこの近くにある。英彦山から宝満山までの峰入修行の修験者たちの修行場であった行者堂が、この行者杉のなかにある。

　「修験者にとって杉は、大きく成長して樹齢が長く、魂が宿ると信じられており、峰入修行の際に、重要な修行場

行者杉（大王杉）

役行者の像

であった小石原の地に杉の挿し穂をして奉納したものだ」と言う地元の人の説明を聞いたあと、「深仙宿」と呼ばれている行者堂へ向かった。鬱蒼とした杉の森の中に小さな祠があり、その前に護摩焚きの石積みである護摩壇があった。祠の中には、木彫りの役行者《えんのぎょうじゃ》の彫像がある。

この霊場を開いたのが役行者である。高下駄を履いて、右手に錫杖を持って座った木像は、全国的にも珍しい大作であるという。「不気味なくらい生々しく見える」と、同行した一人がつぶやいた。

行者堂の側に、修行時に秘法の霊水を汲んだと伝わる「香水池」という泉水がある。「ここが小石原川の源流だ」と地元の人は言う。源流としての雰囲気は、「なるほど！」と思わせるほどのロケーションとなっている。

行者杉の近くに県指定史跡の山城がある。戦国時代、秋月氏の家臣であった宝珠山山城守の居城で、のちに黒田長政の「黒田六端城」の一つとなった松尾城跡である。一国一城令が出た際に廃城となって杉林になっていたが、その杉を伐採して石垣をきれいに積み直しており、非常によく整備されている城跡である。展望もよく、行者杉の後方には英彦山が近くに見えていた。

松尾城跡

小石原焼と高取焼

　行者杉に囲まれるようにして小石原焼の皿山がある。最近は、小石原を「陶《すえ》の里・小石原」と呼んでいる。イギリスの陶芸家であるバーナード・リーチが大分県日田市の小鹿田焼《おんたやき》を評価したことで広く海外にまで知らしめられたわけだが、その小鹿田焼のルーツが小石原焼であることが知られたことで脚光を浴び、昭和三〇年代後半からの陶芸のブームに乗って小石原には約五〇軒の窯元ができた。生活雑器を中心に、「用の美」を追求した小石原焼は、飛び鉋、刷毛目、櫛目、指描き、流し掛け、打ち掛けなどといった技法でつくり出される独特の紋様が特徴となっている。

　また、小石原には、福岡県直方市などで継承されている高取焼の技法を受け継いでいる窯元が数戸ある。江戸時代、高取焼は黒田藩の御用窯として繁栄し、のちに唐津から陶工を招いてその技術を向上させた。そして、寛永年間に入ると、二代藩主の黒田忠之（一六〇二～一六五四）が小堀遠州（一五七九～一六四七・本名は政一《まさかず》）と交流を深め、遠州好みの茶器を多く焼かせている。これが縁で「遠州七窯」の一つに数えられ、茶陶産地として名を高めることになった。

　遠州好みの瀟洒な茶器は「遠州高取」と呼ばれたが、その華麗な釉薬、繊細な生地味は、精密な工程などを経てつくられており、風格を今に伝えている。高取八仙窯、高取宗家窯、鬼丸雪山窯が、現在もなお「奇麗さび」の世界を追求している。

（４）（六三四～七〇一）生没年は伝承。役小角《えんのおづの》ともいう。飛鳥時代から奈良時代にかけて、奈良県の葛木山《かつらぎさん》にいたという呪術者で、修験道の開祖とされている。

春と秋の「民淘むら祭」には、全国から陶芸ファンが集まって賑わう。春には綺麗に咲いたシャクナゲを、秋には燃えるような紅葉が楽しめる。各窯元では、この祭りにあわせて窯出しされた陶器が並べられ、家族総出で歓迎してくれる。値段が二割引になるのもうれしいが、窯元の人たちのもてなしの心が何よりもうれしい。

民淘むら祭（小石原焼・小鹿田焼）

小石原焼を知るためにも、小石原焼伝統産業会館にはぜひ立ち寄りたい。古窯跡の出土品や各窯元の代表作品が展示されており、三五〇年にもわたる小石原焼の歴史がよく分かる。

小石原皿山付近に源を発した小石原川は、小石原盆地をゆっくり流れ、塔の元付近より渓谷を形成してゆく。その下流には、福岡都市圏、久留米市などへの上水道供給のため造られた重力式コンクリートダムの江川ダムがある。福岡市の水の三分の一は、この江川ダムと寺内ダム（佐田川）の水が使われている。まさしく、福岡都市圏の「水がめ」と言える。ダム湖は「上秋月湖」と名付けられ、ダム湖一〇〇選[5]にも選ばれている。また現在、江川ダムの上流に小石原ダムが建設中である。

「筑前の小京都」秋月

江川ダムから三キロほど下流に行くと、「筑前の小京都」と呼ばれる秋月へ至る。秋月の城下町には、古処山《こしょさん》（八五九・五メートル）を水源とする野鳥川《のとりがわ》が流れており、城下町のはずれあたりで小石原川と合流している。水量豊富な野鳥川は、緑豊かな自然をつくり歴史と文化を育んできた。現在、秋月は美しい自然と史跡が楽しめる観光地となっている。

鎌倉時代から四〇〇年間にわたって、古処山に城を築いた秋月氏（一六代）の領地だったが、豊臣秀吉に敗れ、宮崎県日向国高鍋に移封されたのち、福岡藩黒田長政公の三男である長興公が藩主となり、居城を古処山から移して秋月黒田藩五万石の城下町として一二代にわたって栄え、明治維新まで続いた。

秋月は、国の重要伝統的建造物群保存地区指定されている。秋月城跡に長屋門、黒門(6)、堀、石垣や土塀などがあるほか、近くには上級武士の戸波邸、久野邸、田代邸などの武家屋敷も残っている。また、秋月の城下町入り口近くには、古処山麓で採れる花崗岩で造られためがね橋がある。二〇〇年ほどの歴史があるこの橋は、長崎のめが

秋月城跡の黒門

（5）二〇〇五年に制定された制度で、所在する地方自治体首長の推薦を受けて「財団法人ダム水源地環境整備センター」（現・一般財団法人水源地環境センター）が認定したダム湖のこと。

（6）二度の移築を経て、現在は垂裕神社の神門となっている。

ね橋を参考にして造られたものである。この辺りの川底や川岸をはじめとして、町の至る所に残る石垣を見て回るのも楽しい。

武家屋敷だけでなく古い商家が当時の面影を残す城下町には、水路が張りめぐらされている。水路から流れる野鳥川の水は、秋月城の堀や各家の庭園へ注がれているほか生活用水としてめぐり、人々の生活を支えてきた。

「秋月の城下町は何度も火事にあった。水路は防火用に造られたものなのだ」と、地元の人は言う。水路の水を利用し、水路に戻すという流水システムを考え出した先人たちの知恵によって造られた庭園も見逃すことはできない。

秋月・杉ノ馬場

野鳥川の清流は、秋月和紙、草木染、葛、川茸などによる秋月の特産品もつくり出している。そんな歴史的な背景があるからだろうか、江戸中期以降の秋月藩では学問や芸術が盛んになり、学問の振興に尽くした儒学者の原古処（一七六七～一八二七）や「種痘の祖」と言われる緒方春朔《しゅんさく》（一七四八～一八一〇）などといった著名な人物を輩出している。

約五〇〇メートルにわたって桜のトンネルとなる「杉の馬場」にある「朝倉市秋月博物館」(7)もぜひ訪れて欲しい所である。二〇一七年一〇月二一日に開館した施設の入り口には大きな冠木門があり、「展示室１」は朝倉の歴史と文化、「展示室２」は美術館となっている。

「展示室１」には、秋月藩関係資料や藩主黒田家歴代の遺品が集成、古文書、書簡、武具、武器などが展示されている。そのなかでも、なんと言っても圧巻なのが「島原の乱図屏風」だ。一六三七年、家光の時代に起きた「島原・天草一揆」の様子を細かく描いた屏風絵は逸品である。一方「展示室2」には、シャガール、ルノアール、横山大観、岸田劉生などの絵画が展示されている。

春は桜並木、夏は乱舞する蛍の光、秋は古城の紅葉、冬は城下町の雪景色と、四季折々の楽しみ見方ができる秋月、京都以上に何度も足を運びたくなる魅力が潜んでいる。野鳥川のたもとで、それぞれの季節を味わっていただきたい。

秋月の城下町を流れてきた野鳥川は、目鏡橋の下流およそ五〇〇メートルの所で小石原川と合流する。合流点より少し下流に行くと、川の中に一対の巨石が鎮座している。周辺は石積で護岸されており、川底にはいくつもの「捨て石」と呼ばれる巨岩か配置されている。地元の人々は、これを「女男石《めおといし》」と呼んでいる。

これらは、江戸時代初期、初代秋月藩主黒田長興《ながおき》（一六一〇〜一六六五）によって築かれた治水・利水の機能をもつ施設である。野鳥川と小石原川が合流することで、この辺りの流れはもっとも急となる。そこに二つの巨石を置くことで小石原川の氾濫から地域を守り、農業用水を取り込んで地域の水田開発を可能にしてきた。すぐ近くに水を司る「八大龍王」が祀られている女男石、歴史ある貴重な土木遺産だと言える。

女男石

（7）〒八三八－〇〇一一　福岡県朝倉市秋月野鳥五三二　電話：〇九四六－二五－〇四〇五　入館料：大人三二〇円、小人一六〇円。

甘木《あまぎ》鉄道の沿線

小石原川の中流域に位置する甘木から西へ約一四キロ、福岡県基山町までの田園地帯を約二五分で結んでいる第三セクターの鉄道、それが甘木鉄道（全一一駅）である。二〇一六年が開業三〇周年となるが、ＪＲ基山駅と西鉄小郡駅とも接続しているのでアクセスはよい。のどかな田園風景を車窓からゆっくり眺めながら、ローカル線を楽しむのもいいだろう。

始発となる甘木駅の前に、「卑弥呼の里あまぎ」と彫られた大きな石碑がある。「夢とロマンの邪馬台国」のシンボルとして、甘木鉄道発足時に建てたという。邪馬台国の卑弥呼が朝倉市の観光の目玉になっており、毎年「卑弥呼祭」などが催されている。

甘木駅から少し南、大分自動車道の甘木インターの近くに国史跡の「平塚川添遺跡公園」がある。小石原川の湧水を利用した環壕は、集落を幾重にも取り囲んでいる。弥生時代中期から古墳時代初めにかけて営まれた、大規模な低地性の多重環壕集落だという。敵の進入を防ぐための柵列や物見台などの跡、竪穴住宅、掘立柱建物の跡、多量の生活土器、農耕具、木製の生活用具などがここから出土している。

集落を幾重にも取り囲む環壕には水をたたえ、環壕を渡る橋や竪穴住居・祭壇など、また弥生の森などが公園内には再現されており、地域住民の憩いの場にもなっている。邪馬台国時代の様子がよくうかがえる平

平塚川添遺跡公園

塚川添遺跡公園、卑弥呼の里とともに地域の観光振興に大いなる役割を果たしている。

　甘木駅から三つ目、太刀洗《たちあらい》駅のすぐ前に「筑前町立大刀洗平和記念館」(8)がある。ここに、かつて「東洋一」だと謳われた旧陸軍大刀洗飛行場があった。一九四五（昭和二〇）年、Ｂ29による大空襲で壊滅的な被害を受けたという飛行場の跡地にこの記念館は建てられた。戦闘機開発の歴史や零戦、そして九七式戦闘機なども展示されている。

　当時、大刀洗陸軍飛行学校も置かれ、特攻隊の基地として有名な鹿児島県の知覧《ちらん》はここの分校だった。特攻隊として出撃していった若き少年兵の遺書や手紙も展示されており、思わず涙を誘われる。

「水縄山脈の上空が真っ黒になるくらいＢ29の編隊が飛んだ。直後、西の空に閃光が走った。ドカンドカンという音がしばらく続いた。父は、大刀洗飛行場で働いていて、その大空襲で亡くなった。兄は、分校の知覧へ行き、特攻隊として飛び立って帰らぬ人となった。今の平和と繁栄は、多くの尊い命の犠牲のうえにあることを忘れてはならない」

　と、見学に来ていた老人が涙ながらに語ってくれた。

大刀洗平和記念館に展示されている
零式戦闘機32型

(8)　〒八三八－〇八一四　福岡県朝倉郡筑前町高田二五六一－一　電話：〇九四六－二三－一二二七　入館料：五〇〇円。

戦争を知らない世代が言っても説得力に欠けるのだろうが、「平和への情報発信基地」として、この大刀洗平和記念館はいつまでも平和へのメッセージを発信し続けて欲しい。また、『実録証言　大刀洗さくら弾機事件』（林えいだい、新評論、二〇一六年）も出版されているので参考にして欲しい。

4 佐田川——水が育む自然の恵み

朝倉市には、先ほど紹介した小石原川と、鳥屋山（六四五メートル）の麓に位置する朝倉市佐田牟田を源流とする佐田川が流れている。源流域にある鳥屋山は福岡県の自然環境保全地域に指定されており、スダジイやアカガシを主体とした照葉樹林が広がっている。

上流沿いにある「たかき清流館」は、廃校になった小学校を利用したもので、食事や農業体験ができる山間地の研修所となっている。夏は、心地よい清流の音やカジカ蛙の声、そしてホタルが楽しめる。

佐田川には、上流部で疣目川《いぼめ》と黒川が流れ込んでいる。(9) 朝倉市高木黒川地域を流れる黒川周辺には、かつて「黒川院」という寺があった。一三三三（正慶二）年、後伏見天皇（一二八八〜一三三六・第九三代）の第六皇子である長助法親王《ちょうじょほうしんのう》（一三二〇〜一三六一）が英彦山座主《ひこさんざす》となったとき、筑前の国上座郡黒川の庄に御所として黒川院を造営して繁栄したという。しかし、福岡藩第二代藩主黒田忠之のとき、黒川院に関連するものはすべて破却されたらしく、現在は何も残っていない。

この集落には創建が平安時代と伝わる鎮守「黒川高木神社」がある。一五五四（天文二三）年に再興された、高皇産霊神と五部大神を祭神とする神社である。その祭礼「宮座祭」（通称、黒川くんち）には旧黒川村全域の人たちが集まり、黒川院を中心とした繁栄の名残を今に伝えている。この祭りはちょっと変わっており、榊の葉を口にくわえて、まったく無言といったものである。筑前朝倉の宮座行事として、福岡県の無形民俗文化財にも指定されている。

過疎化の進んだ山里の活性化が叫ばれるなか、この地域には、廃校になった黒川小学校の建物を美術館にした「共星の里世界子供美術館」や音と光のアンティーク資料館の「音楽館」などもある。先にも述べた通り、黒川はホタルの名所でもある。漆黒の闇に乱舞するホタルの光跡は観た者を虜にするだろう。豊かな自然を楽しんだり、アートに触れたり、アンティークを楽しんだりできる山里、それが黒川である。

疣目川と黒川が合流した佐田川は、岩石や土砂を積み上げて造られたロックフィルダムの「寺内ダム」に流れ込む。ここも、福岡都市圏へ送られる水がめの一つである。ダムによって形成された湖は「美奈宜湖」と呼ばれ、江川ダムと同じく「ダム湖百選」に選ばれている。

ダムのすぐ下に位置する三奈木は、佐田川流域に古くから栄えた豊かな地域で、「延喜式」にも載っている美奈宜《みなぎ》神社がある。神功皇后（九九ページ参照）の時代、この地を本拠としていた「羽白熊鷲《はくろくまわし》」を栗尾

（9）疣目川と黒川は、二〇一七年の九州北部豪雨の際、甚大な被害を受けている。

山に陣を敷いた神功皇后が討って、三奈木川のほとり「池辺」で戦勝奉告をした場所であり、そこに神を祀ったという伝承がある。ちなみに、羽白熊鷲の墓は、寺内ダム近くにある「あまぎ水の文化村」に移されている。

美奈宜《みなぎ》神社のすぐ側には、福岡藩の筆頭家老であった三奈木黒田一成《かずしげ》（一五七一～一六五六）によって一七世紀初頭に造られた「旧三奈木黒田家庭園」がある。黒田一成とは、黒田如水に預けられ、その息子黒田長政と兄弟のようにして育てられ、「黒田二十四騎」の一人として活躍した人物である。近くの清岩寺には黒田一成の墓があり、美奈宜神社の入り口には一成が植えたイチョウの大木がある。秋、黄金色に輝くこのイチョウの木は実にきれいだ。

佐田川の水が育む自然の恵みと言えば「川茸《かわたけ》」であろう。朝倉市屋永の清流黄金川が、世界で唯一の自生地となっている。水源は佐田川の伏流水で、すぐ下流の所で合流している。

川茸とは天然の淡水海苔のことで、「スイゼンジノリ」とも言われ、江戸時代から高級珍味として称されてきた。現在では、高級食材として料亭やレストランなどで使われている。

「上流に寺内ダムが建設されてから佐田川わきの池の水量が減少し、川茸

美奈宜神社の境内

川茸工場での作業風景

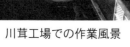

の採れる量も減った」と地元の人は言う。また現在、小石原川ダムの建設に伴い佐田川と小石原川を結ぶ計画もされていることから、希少な海苔が壊滅的な影響を受けるのではないかと危惧されている。

このあと佐田川は、金川地区、蜷城《ひなしろ》地区、福田地区を流れ、床島堰辺りで筑後川に合流している。

5　巨勢川《こせがわ》――筑後平野を潤し、河童伝説を生んだ川

筑後川中流域の豊かな筑後平野左岸を流れる巨瀬川は、耳納《みのう》山地の鷹取山（八〇二メートル）東部の山麓を水源としている。「巨瀬川の三滝」と呼ばれる「調音の滝」「魚返りの滝」「斧渕の滝」などで渓谷を形成し、藤波ダム湖で貯水される。

ダム湖の下流から急に方向を西へと変え、耳納山地と平行して流れる筑後川の南側、うきは市と久留米市の平野部を東から西へと流れる。耳納山地は北落ちの断層地形で、谷から流れる無数の川はすべて巨瀬川に注がれる。巨瀬川の最下流は、かつて筑後川本流の旧河道であり、豊かな筑後川の様子を思い出させる懐かしい風景を今もとどめている。また、巨瀬川と筑後川の間には大石堰（うきは市）から引水された大石長野水道が走り、平野の水田地帯を潤している。

また、巨瀬川の水源地域の「調音の滝公園」は、うきはグリンツーリズムの拠点となっている。「水源の

森百選」にも選ばれており、森林セラピーウォーキングなどといった催し物が行われている。

平野部を流れる巨瀬川に沿って、うきは市吉井町がある。この辺り、江戸時代には久留米と天領日田を結ぶ豊後街道沿いの宿場町として栄えた。とくに、五庄屋（一七一ページのコラム参照）と農民たちの力を結集して開通した大石水道と長野水道のおかげで筑後川中流への水運を得て、作物や酒・櫨蝋・油などの集散地となり、繁栄した。

調音の滝

言うまでもなく、吉井の商人たちは莫大な富を得ることとなり、「居蔵屋」と称される蔵造りの商家を競って建てるようになった。現在にまで残る白壁土蔵の建造物は筑後吉井重要伝統的建造物群保存地区として選定されており、訪れる人々を楽しませてくれる。また、春にはお雛様めぐり、ゴールデンウイークには小さな美術館めぐりと、地域おこしが盛んな町でもある。

耳納《みのう》山麓のうきは市浮羽町、吉井町、久留米市田主丸町《たぬしまるまち》は、古墳の多い地でもある。とくに、日ノ岡古墳、月の岡古墳、珍敷塚《めずらしづか》古墳などは装飾古墳で有名な所である。古墳めぐりをするのも楽しい。

田主丸町の中心部を巨瀬川がゆっくりと流れてくる。北に筑後川、南に耳納連山が連なる。巨峰発祥の地として知られ、果樹の栽培が盛んな田主丸町は、全国植木苗木の四大生産地(10)の一つでもある。町の殖木《ふえき》地区にある諏訪神社には、「植木苗木発祥地之碑」が立っている。

田主丸町にはもう一つの顔がある。古くから河童伝説が多数残っていることが理由で、「河童発祥の地」としても有名である。至る所に三〇〇体以上にも上る河童の像や絵などがあって、町歩きも楽しい。とくに、鉄道ファンお気に入りとなっているのが、カッパが寝そべっている形をしたＪＲ田主丸駅の駅舎である。

耳納連山と筑後川、そしてその間を流れる巨瀬川の周辺には、ここで紹介したもの以外にも、先人たちの英知を知る史跡や業績が数多く残っている。是非、それらを訪ねる旅を計画してもらいたい。

(10)　他は、埼玉県川口市、愛知県稲沢市、大阪府池田市。

ＪＲ筑後田主丸駅の駅舎

田主丸のカッパ像

6 宝満川《ほうまんがわ》──筑後川流域と博多を結んだ川

筑紫野市と太宰府市にまたがる宝満山《ほうまんざん》（八二九・六メートル）は、「御笠山《みかさやま》」とか「竈門山《かまどやま》」とも呼ばれていた。その麓に源を発した宝満川は、太宰府市の原川、筑紫野市の山中川、山口川、山家川、夜須町を流れる曽根田川、小郡市の草場川、宝珠川、高原川などの支流を合わせて南流し、久留米市小森野と鳥栖市下野町の境界から筑後川へと合流する。筑後川の支流では、玖珠川《くすがわ》に次いで二番目に広い流域をもっている。

同じく宝満山の山麓を源とする御笠川という川もある。こちらのほうは、鷺田川、大佐野川、牛頸川《うしくびがわ》、諸岡川、上牟田川と合流して博多湾へと注いでいる。

宝満川は、「筑後川流域と博多を結んだ川」とも言われている。宝満川の流域の歴史や文化、利水史を探るために、源流から下流へと辿ってみた。

宝満川で釣りを楽しむ人

筑紫野市柚須原《ゆすばる》にある大山祇神社付近から、三郡山《さんぐんさん》（八二九・六メートル）登山の宝満川源流コースがはじまる。つまり、ここが宝満川の源流となる。すぐ下流には「筑紫野市竜岩自然の家」があり、ファミリーキャンプ、バーベキュー体験、川遊びなど、さまざまな自然体験活動を行うことができる。敷地内を宝満川が流れており、源流域の雰囲気を十分味わえる所である。宿泊する施設もあり、宝満川源流コースを通って、宝満山や三郡山の山並みを楽しむのもいいだろう。

太宰府は、古来より筑後川から有明海に至る物流ルートと、宝満川から御笠川を経て博多に至るルートの分岐点であったと言われている。丸木舟で博多湾から有明海へと向かう場合はどうしたのだろうか。博多湾から御笠川を遡って太宰府まで来て、宝満川に接近した所に簡単な運河があって結ばれていたのだろうか。それとも、舟底が川底に当たる水深まで来て、人が引っ張って移動したのだろうか。こんなことを、地形を見ながら考えるのも面白い。

下流へと進み、筑紫野市美咲辺りを流れる宝満川には、ちょっと珍しいゴム堤がある。正しくは「ゴム引布製起伏堰《ひきぬのせいきふくぜき》」と言い、ゴム引布製のチューブに空気や水を注入したり排出することで起伏させる堰のことである。堰き止められた水が豊富で、川との共生を求めて、「蛍が舞い、魚がいっぱいの宝満川を呼び戻そう！」という取り組みがなされているほか、毎年、カヌー大会などが開かれている。

小郡市に入ると、筑前町を流れてきた草場川と宝満川の合流点から東に城山が見えてくる。標高一三〇メートルという低い山だが、広い筑紫平野にポツンと立つ姿は目を引く。(11)「花立山」とか「権現山」とも言い、地元の人たちは「じょんやま」と呼んでいる。山頂に登ると、山隈城跡や権現神社（正式名は日方神社）がある。

城山の南麓には、古墳時代後期の築造と推定される花立山古墳（穴観音古墳）がある。付近にあった多数の古墳は破壊されてしまっており、跡だけが残っている。破壊された古墳の大きな石は、のちの時代、宝満川に築造された稲吉堰に使われたのではないかと思われる。

一方、城山の北山麓には、筑前町の丘陵上（五六メートル）に国の指定史跡となっている焼ノ峠古墳がある。三世紀後半（古墳時代前期）の前方後方墳で、この地を治めていた首長の墓と考えられている。邪馬台国をイメージしながら、城山公園を中心とした古墳めぐりも楽しいだろう。

少し下流へ進むと、丹羽頼母《にわたのも》によって築造された稲吉堰がある。三六歳で有馬豊氏《とようじ》（第2章参照）に仕えた頼母は、幕命で江戸城修築に従事したあと、日光廟造営に際しては、久留米藩より派遣された土木建築家である。一六八一年に九五歳で没するまで半世紀にわたって活躍し、藩内に残る彼の業績は多方面にわたっている。

江戸時代の有馬藩は、筑後川水系宝満川に稲吉堰を、筑後川本

ゴム引布製起伏堰

流に袋野堰、大石・長野堰、恵利堰の四つの堰を築造している。最初に築造されたのが稲吉堰で、この堰の完成によって宝満川一帯が水田化されるとともに、その後の大石堰、袋野堰など筑後川本流の大事業の基礎となった。現在、当時の姿は残っていないが、往年の井堰構成の石で造られた「井堰改修記念碑」が宝満川左岸側に立っており、稲吉堰の由来が書かれている。

稲吉堰の側に、織姫をまつる七夕神社（媛社神社）がある。宝満川を挟んで対岸には、老松神社・牽牛社が祀られている。南北に流れる宝満川を天の川と見立てた昔の人々の信仰とロマンが感じとれる。旧暦の七夕（八月七日）には、毎年、夏祭りが開かれている。

筑後川との合流点近くの小森野辺りに、河川が弓のように曲がった部分がある。これが洪水から防ぐために造られた捷水路《しょうすいろ》である。小森野捷水路ができるまで、この宝満川の下流は筑後川の本流でもあった。また、地域にはかって風土病として恐れられていた日本住血吸虫病（九〇ページの**コラム**参照）の中間宿主である宮入貝（淡水産巻き貝）の駆除対策が進められ、その成果を表す「宮入貝供養碑」がある。

宝満川には十数余の支流がある。ここでは紹介できなかったが、それぞれの支流にも魅力的な場所があるので、ゆっくりと訪ねていただきたい。宝満川流域におけるさまざまな歴史、風土、利水史を知り、改めて現在の筑後川流域の課題を考えさせられる旅となった。

---

(11)　南北朝時代に築いたのがはじまりと言われている。その後、筑前一国と築後二郡を領した小早川隆景により本格的に城として築かれた。

7 城《じょう》原《ばる》川《がわ》――治水・利水、先人たちの知恵を知る

脊振《せぶり》山地から発する城原川は、佐賀県神埼市を縦断し、佐賀江川と合流して筑後川に注いでいる。佐賀平野を潤す城原川の周辺には、自然や歴史の豊かな場所が多い。周囲より川底のほうが高い天井川であるため、かつては河川の氾濫が多い地域でもあった。

清流である城原川では、治水・利水・環境のバランスのとれた親しみやすい川づくりや、「多自然川づくり」が一九九七（平成九）年よりされている。城原川の歴史と自然を探るため、上流から下流へと辿ってみた。

脊振山（一〇五五メートル）の山頂には脊振神社上宮があり、その中腹にある白蛇神社の境内には脊振神社下宮がある。樹齢五〇〇年とされる杉もあり、杉林が周囲を取り巻く静かなたたずまいの神社である。秋の陽に輝く紅葉は「素晴らしい」の一言である。この辺りが城原川の源流付近となる。少し下流へ行くと、城原川を横切る「めがね橋」がある。一八九一（明治二四）年に架橋された、御影石造りの橋である。

さらに下流へ行くと、紅葉のスポットとして名高い国名勝の「九年庵」

九年庵

や仁比山《にいやま》神社がある。毎年、多くの人が紅葉を楽しみに訪れている。また、日本に種痘を導入した人であり、東大医学部の前身である西洋医学所を開いた伊東《いとう》玄朴《げんぼく》（一八〇一～一八七一）の旧宅が神社の境内にある。実は伊東は、仁比山神社に仕える執行重助《しぎょうしげすけ》の子として誕生している。のちに、佐賀藩士である伊東家の養子となっている。

城原川の清涼な水が生んだ神崎町の特産といえば素麺である。以前は、川の流れを利用した水車で製粉がなされていたという。「九年庵」から城原川に戻り、少し上流のほうに行くと、創業一四〇年という「井上製麺」がある。食事処「百年庵」でいただく素麺は格別である。また夏の「そうめん流し」も人気がある。下流に行くと水車公園もあるので、子ども連れのハイキングには最高である。

江戸時代の寛政年間、城原川西岸の久保泉地区に農業用水を導くため、成富兵《なりどみひょう》庫茂安《ごしげやす》（一五六〇～一六三四）によって横落水路が築かれている。この取水口として築かれたのが「三千石井樋《さんぜんごくいび》」である。堤防の一部を低く造ることによって洪水の力を弱めようとする「野越《くさぜき》」、水害での被害を最小限に留めようとする先人の知恵である。ちなみに、この辺りから西へ少し行くと佐賀市兵庫町という地名の所があるが、これは成富兵庫茂安にちなんで名付けられたものである。

水不足の城原川で農業用水を取水するために、石・杭・柵などで堰き止めて草

利水・治水事業「三千石井樋」

や土などで粗く間隙を詰めた「草堰」は、木杭と草で水が漏れやすいように造られている。これは下流の水利用者のことを配慮したものである。つまり、上流ですべての水を取らないようにするとともに、普段は砂がたまらず、洪水時には簡単に壊れて、城原川の流れを妨げないというすぐれた構造のものである。また、近くにある横武クリーク公園（六ヘクタール）では、農業水利施設として発展してきたクリークが残っているので、是非見学していただきたい。

神埼橋の所に長崎街道の「神埼宿西木戸口」がある。江戸時代、長崎街道は小倉から長崎までの約二二八キロ（五七里）を二五か所の宿場で結んでいた。鎖国体制の下、幕府の唯一の貿易港であった長崎には海外からさまざまな知識や文化が入り込んでいた。そのため、長崎街道は重要な「文明ロード」とも言われていた。

現在、神埼宿には、藩の迎賓館であった「お茶屋跡」や脇本陣、そして外国使節団の宿舎跡などが残っており、当時の面影を偲ぶことができるので神埼宿めぐりも楽しいだろう。ちなみに、宿場の東西にあった木戸は、厳重な造りで、午前六時ごろに開門され、

神埼宿の木戸口から見る町並み

午後一〇時ごろには閉門していたと伝えられている。

さらに下って千代田町に入ると、クリークが縦横に流れるといった光景が広がる。秋（九月中旬から一〇月下旬にかけて）、風物詩である「ひしの実採り」を見ることができる。ひしの実は、茹でて食べると栗に似た独特の風味で、懐かしい佐賀の味覚である。

ヒシはクリークで栽培されており、大人一人が座れるくらいの大きなタライのような「ハンギー」を浮かべての収穫が有名である。クリーク上を乗りこなすには相当のバランス感覚が必要で、ヒシの実を鮮やかな手際で収穫していく名人たちの姿には思わず見とれてしまうほどである。ただ、このヒシの実採りは夜明け直後の午前六時前から行われているので、見学するとなると早起きをする必要がある。

近くには『次郎物語』の著者である下村湖人（一八八四〜一九五五）の生家もあるので、あわせて見学していただきたい。そういえば、『次郎物語』のなかで主人公たちが、筑後川上流探検旅行をする様子が面白かった。また、城原川の東を並行して流れている田手川沿いには、弥生時代の大規模な環濠集落跡である国営の吉野ヶ里歴史公園がある（五三ページ参照）。そんなに遠くないので、足を延ばしてみるのもいいだろう。

城原川を下って、人と川とのかかわりについて先人たちの英知を知ることができた。城原川周辺がもっとも美しくなる菜の花の咲くころに、また訪ねてみたい。

あとがき

筑後川流域連携倶楽部が発足して間もないとき、大分・熊本・福岡・佐賀の四県にまたがり、二八〇〇平方キロメートルに及ぶ筑後川流域を「屋根のない博物館」にしようという発想が飛び出した。確か、今泉重敏（当時、筑後川流域連携倶楽部理事）が発案者であったように記憶している。

活動のフィールドと展示物には事欠くことはなかったが、どのようにして博物館の体裁を整えるのかが問題であった。それで、とにかく学芸員がいなければならないということになり、一般に募集することになった。西日本新聞に取り上げてもらったこともあって、二二人が応募してくれた。この一期生となる学芸員が、「筑後川まるごと博物館」を引っ張っていっているだけでなく、NPO法人である筑後川流域連携倶楽部の主要メンバーともなっている。

以後の活動については本文に詳しいのでさておき、『筑後川まるごと博物館』というタイトルで出版したいとの申し出を株式会社新評論の武市一幸氏からいただいた。かなり前のことであるが、本格的に取り掛かったのは三年前となる二〇一五年である。難産と言えば難産で、ようやく出版まで漕ぎ着けたというのが実感である。難産ながらも出版に至ることができたのは、「筑後川新聞」に携わってきたことと、久留米大学経済社会研究所の筑後川プロジェクト研究が大きな意味をもっていると思われる。

筑後川新聞は、第一号を一九九九年九月に発刊し、隔月の年六回発行で、熊本・大分・福岡・佐賀の四県にまたがる筑後川流域の情報を多方面から収集し、その編集には、筑後川まるごと博物館の学芸員が主に担当している。筑後川新聞を通読されている方ではお分かりのように、本書のかなりの部分はその記事がベースとなっている。特定非営利活動法人筑後川流域連携倶楽部会員、一般社団法人北部九州河川利用協会のみなさんをはじめとして、筑後川新聞の発行を二〇年にもわたって支援いただいた方々に感謝の念が大きい。

ちなみに、本書の第1章は、久留米大学経済社会研究所の筑後川プロジェクト研究の成果として発行された久留米大学経済社会研究所紀要第二輯『筑後川流域における連携とリバーツーリズム』（二〇一二年）、第六輯『筑後川流域における文化資源とその活用』（二〇一八年）をベースに、そして第6章第2節は同じく第四輯『筑後川流域学の形成』（二〇一四年）がベースになっている。

筑後川流域連携倶楽部と筑後川まるごと博物館を
支援していただいた方々

このように記述すると、少し古い資料によるものではないかと危惧される方がいるかもしれない。それゆえ、本書を著すにおいてさまざまな数値を最新のものに改めたほか、多くの読者がまだご存じないニュースなども書き加えている。とくに、二〇一七年七月に発生した九州北部豪雨については、現在、流域に暮らす人にとっては忘れることのできない災害であるだけに、被害に遭われた方々にお見舞いを申し上げる意味も含めて記述させていただいた。もちろん、その歴史的背景には、「昭和二八年筑後川大水害」があることを私たちは忘れていない。当時、この大水害を体験された方々のコメントを掲載させていただいたのも、それが理由である。

現在、筑後川流域に暮らしている人が、この流域の自然・文化・歴史環境を守っていきたい、と思うのであれば、これら災害の歴史もふまえた形で保存活動を行っていく必要がある。そのためにも、さまざまな年代の方々に「筑後川まるごと博物館」の活動に携わっていただき、年長者から若い世代へと伝えていくことが重要となる。本書の読者のなかから、この活動に参加したいという方が登場することを私たちは願っている。

「流域」というキーワードのもと四県に暮らす人々がつながり、それぞれのエリアを日本全国に伝え、知らしめていく。もちろん、地元放送局や新聞社などのマスコミにも協力をいただく必要があろうが、これほど広範囲にわたって活動する地域活性化の姿があるだろうか。筑後川流域に暮らす人々の気概を、一人でも多くの人に感じていただくためにこれからも「筑後川まるごと博物館」の活動を広めていきたい。

本書がこのような形で出版できたのは、執筆していただいた方々や学芸員の方々は言うに及ばず、さまざまな方面で活躍されている方々のご支援のたまものである。お一人ずつお名前を挙げることはできないが、この場をお借りしてみなさまに御礼を申し上げたい。また、出版に際しては、河川財団から出版助成をいただいたことを特記しておく。その申請の際には、国土交通省九州地方整備局筑後川河川事務所の船橋昇治所長から推薦していただいた。改めて感謝の意を表したい。さらに、久留米大学経済学部叢書としても本書は出版できたわけだが、経済学部長の浅見良露教授が筑後川まるごと博物館の館長でもあり、いろいろとご尽力を願った。

最後に、統一感に欠ける原稿を読み物としてまとめるという役目を担っていただいた株式会社新評論の武市一幸氏に感謝をして、本書を閉じさせていただく。

二〇一九年一月三日

編者を代表して　駄田井正

執筆者紹介

駄田井　正（だたい・ただし）

1944 年生まれ。久留米大学名誉教授。特定非営利活動法人筑後川流域連携倶楽部理事長。

著書に『文化の時代の経済学入門』（新評論、2014 年）などがある。

鍋田康成（なべた・やすなり）

1950 年生まれ。筑後川まるごと博物館運営委員会学芸員・事務局長。特定非営利活動法人筑後川流域連携倶楽部理事。プロジェクト WET ファシリテーター。昭和 28 年筑後川大水害聞き語り部。一級建築士。

羽田史郎（はた・しろう）

1965 年生まれ。筑後川まるごと博物館運営委員会学芸員。筑後川・矢部川・嘉瀬川流域史研究会幹事。土木エンジニアとして中下流特有のガタ土への関心から歴史研究へ、現在、神社、祭りを調査中。

成毛克美（なるげ・かつみ）

1945 年生まれ。筑後川まるごと博物館運営委員会学芸員・副館長。特定非営利活動法人筑後川流域連携倶楽部理事。

財津忠幸（ざいつ・ただゆき）

1943 年生まれ。特定非営利活動法人筑後川流域連携倶楽部副理事長。森林インストラクター・大分県森林インストラクター会副会長。竹灯籠まつり「千年あかり」実行委員長。

平田昌之（ひらた・まさゆき）

1937 年生まれ。筑後川まるごと博物館運営委員会学芸員。特定非営利活動法人筑後川流域連携倶楽部理事。

荒牧軍治（あらまき・ぐんじ）

1943 年生まれ。佐賀大学名誉教授。特定非営利活動法人筑嘉瀬川交流軸理事長。特定非営利活動法人有明海ぐるりんネット代表理事。

本間雄治（ほんま・ゆうじ）

1949 年生まれ。2005 年から「特定非営利活動法人大川未来塾（福岡県大川市）」で筑後川水系の活動に従事。2006 年「特定非営利活動法人みなくる SAGA」設立。両法人理事。福岡・佐賀両県の明治大正の実業家の歴史研究。

編者紹介

筑後川まるごと博物館運営委員会
詳細は本文参照。

〈久留米大学経済叢書　第22巻〉

筑後川まるごと博物館
——歩いて知る、自然・歴史・文化の143キロメートル

（検印廃止）

2019年3月28日　初版第1刷発行

編　者　筑後川まるごと博物館運営委員会

発行者　武市一幸

発行所　株式会社　新評論

〒169-0051
東京都新宿区西早稲田3-16-28
電話　03(3202)7391
振替・00160-1-113487

定価はカバーに表示してあります。
落丁・乱丁本はお取り替えします。

組版　プリンティング　コガ
印刷　理想社
製本　中永製本所
装幀　山田英春

Printed in Japan
ISBN978-4-7948-1120-2

新評論　好評既刊

松本　仁 著／新部由美子 作画

よもやま花誌

植物とのふれあい五〇年

私たちに季節を伝え、幸福をもたらしてくれる50種の身近な植物を挿画入りで紹介。あなたのボタニカル・ライフをさらに豊かに！

[四六並製　280頁　2200円　ISBN978-4-7948-1094-6]

熊野の森ネットワークいちいがしの会 編

明日なき森

カメムシ先生が熊野で語る

熊野の森に半生を賭けた生態学者の講演録。われわれ人間が自然とどのように付き合うべきかについての多くの示唆が含まれている。

[A5並製　296頁カラー口絵8頁　2800円　ISBN978-4-7948-0782-3]

滋賀の名木を訪ねる会編著

滋賀の巨木めぐり

歴史の生き証人を訪ねて

滋賀県内の巨木の生態・歴史・保護方法を詳説した絶好の旅案内！

《シリーズ近江文庫第3弾》

[四六並製　272頁　2200円　ISBN978-4-7948-0816-5]

細谷昌子

熊野古道　みちくさひとりある記

ガイドはテイカ（定家）、出会ったのは……

限りない魅力に満ちた日本の原壕・熊野への道を京都から辿り、人々との出逢いを通して美しい自然に包まれた熊野三山信仰の源を探る旅。

[A5並製　368頁　3200円　ISBN978-4-7948-0610-9]

辻井英夫

吉野・川上の源流史

伊勢湾台風が直撃した村

伊勢湾台風は奈良県の村をも襲っていた！行政当事者ならではの貴重な写真と記録から、村の豊かな自然と奥深い歴史を再現。

[A5並製　328頁　2800円　ISBN 978-4-7948-0875-2]

＊表示価格はすべて本体価格（税抜）です。

新評論　好評既刊

林えいだい
《写真記録》これが公害だ
北九州市「青空がほしい」運動の軌跡
「鉄の町」で1人の公務員が女性たちとともに立ち上がる。反骨の記録作家の原点であり、戦後公害闘争史の発端をなす運動の全貌。
[A5 並製　176 頁　2000 円　ISBN978-4-7948-1064-0]

林えいだい
《写真記録》関門港の女沖仲仕たち
近代北九州の一風景
魂の作家が遺した唯一無二の記録！約150点の貴重な写真を中心に、港湾労働の実態と女たちの近代を鮮やかに描き出す。
[A5 並製　180 頁　2000 円　ISBN978-4-7948-1086-1]

林えいだい
実録証言　大刀洗さくら弾機事件
朝鮮人特攻隊員処刑の闇
「最後の切り札」とされた特攻機をめぐる不可解な事件の真相とは。戦争と民族差別の愚昧を鋭くえぐり出す、反骨の作家入魂の証言集。
[四六並製　288 頁　2500 円　ISBN978-4-7948-1052-6]

中里喜昭
百姓の川　球磨・川辺
ダムって、何だ
流域の人吉・球磨地方の森と川を育み、それによって生きる現代の「百姓」―地域の老いを一手に支える福祉事業者，川漁師、市民、中山間地農業者たちにとってのダムとは。
[四六上製　304 頁　2500 円　ISBN978-4-7948-0501-0]

「水色の自転車の会」編
自転車は街を救う
久留米市 学生ボランティアによる共有自転車の試み
交通渋滞の緩和にもなり、環境にも良く、放置自転車の問題解決にも役立つ！街を走る水色の自転車が、都市を生き返らせる。
[四六上製　224 頁　2000 円　ISBN978-4-7948-0541-6]

＊表示価格はすべて本体価格（税抜）です。